高等学校专业教材

机电系统动态仿真基础

张晓桂　高　波　编著

中国轻工业出版社

图书在版编目（CIP）数据

机电系统动态仿真基础 / 张晓桂，高波编著. —北京：中国轻工业出版社，2022.7

ISBN 978 - 7 - 5184 - 3917 - 1

Ⅰ.①机… Ⅱ.①张… ②高… Ⅲ.①机电系统—计算机仿真 Ⅳ.①TH-39

中国版本图书馆 CIP 数据核字（2022）第 047097 号

责任编辑：杜宇芳

策划编辑：杜宇芳　　责任终审：简延荣　　封面设计：锋尚设计
版式设计：霸　州　　责任校对：宋绿叶　　责任监印：张　可

出版发行：中国轻工业出版社（北京东长安街 6 号，邮编：100740）

印　　刷：三河市万龙印装有限公司

经　　销：各地新华书店

版　　次：2022 年 7 月第 1 版第 1 次印刷

开　　本：787×1092　1/16　印张：13.75

字　　数：350 千字

书　　号：ISBN 978 - 7 - 5184 - 3917 - 1　定价：59.80 元

邮购电话：010 - 65241695

发行电话：010 - 85119835　传真：85113293

网　　址：http://www.chlip.com.cn

Email：club@chlip.com.cn

如发现图书残缺请与我社邮购联系调换

180756J1X101ZBW

前　　言

现代科学技术的快速发展对机电系统分析提出的专业要求越来越高，不同专业领域的知识融合与渗透越发明显。仿真软件技术的发展则为机电系统分析提供了强有力的应用手段支撑，使机电系统模型构建与系统分析之间的彼此衔接成为可能，在机电系统分析上发挥极为重要的辅助作用。

作为一款优秀的仿真软件，MATLAB 的强大功能基本满足了科学研究和工程研发的需求，获得了越来越广泛的应用。基于此，本书以 MATLAB 为主线，将机电系统仿真与MATLAB 有机结合，为机电系统分析与设计提供专业基础。

全书共 8 章，围绕机电系统仿真所需掌握的基础知识构成整体，主要包括 MATLAB的基础知识、MATLAB 的仿真建模、MATLAB 的仿真响应、Simulink 的基础及典型应用等内容，具有理论与实践并重的鲜明特点。

本书可作为普通高等院校机械工程专业类硕士研究生培养的教材，也可作为其他工程技术人员学习机电系统仿真的入门参考书。书后各章节的习题，可以满足学生的自主学习所需。书中所涉及的相关程序设计与应用，均为基于 MATLAB R2014a 版的软件环境编制并通过了相关调试。

本书编写过程中，参考借鉴了国内外同行的许多研究成果与文献，限于时间周期等因素，可能会出现标注不全的问题，敬请各位同行谅解。且受作者学识水平和资料收集范围的影响，难免出现一些疏漏或谬误等不当之处，亦恳请广大读者不吝指正。

本书出版得到北京印刷学院学科建设经费的资助，在此表示致谢。

编著者

目　　录

第1章　系统仿真与 **MATLAB/Simulink** ··································· 1

1.1　系统仿真简述 ··· 1

1.2　MATLAB 仿真软件 ·· 2

1.3　MATLAB 软件结构 ·· 3

1.4　MATLAB 的工作环境 ·· 3

　　1.4.1　命令窗口 ··· 4

　　1.4.2　命令历史窗口 ··· 6

　　1.4.3　当前文件夹窗口、路径设置和文件管理 ······························· 7

　　1.4.4　工作区窗口 ·· 9

　　1.4.5　文本编辑窗口 ·· 11

　　1.4.6　MATLAB 帮助的使用 ·· 11

　　习题 ··· 13

第2章　**MATLAB 编程基础** ··· 15

2.1　数值数组的建立和访问 ·· 15

　　2.1.1　变量 ·· 15

　　2.1.2　赋值语句 ·· 16

　　2.1.3　数值数组的建立 ··· 16

　　2.1.4　数组元素的访问与赋值 ·· 20

　　2.1.5　数组大小的改变 ··· 22

　　2.1.6　数组尺寸信息的获取 ··· 23

2.2　数组运算和矩阵运算 ··· 23

　　2.2.1　数组和矩阵的算数运算 ·· 23

　　2.2.2　数组的关系运算与逻辑运算 ··· 24

　　2.2.3　数组运算的常用函数 ··· 26

2.3　其他数组 ··· 27

　　2.3.1　"非数"和"空"数组 ··· 27

　　2.3.2　字符串数组 ··· 29

　　2.3.3　元胞数组 ·· 31

　　2.3.4　结构数组 ·· 32

2.4　MATLAB 的数据可视化 ··· 33

　　2.4.1　二维曲线绘图 ·· 33

　　2.4.2　三维曲线绘图 ·· 46

　　2.4.3　图形窗口功能简介 ·· 48

2.5　MATLAB 程序控制 ·· 50

　　2.5.1　循环结构 ·· 51

　　2.5.2　选择结构 ·· 53

2.5.3 控制程序流程的其他常用命令 ·· 57

2.6 M 文件 ·· 58

2.6.1 M 脚本文件概述 ·· 58

2.6.2 M 函数文件概述 ·· 59

2.6.3 局部变量和全局变量 ··· 63

2.6.4 子函数和私有函数 ·· 64

2.7 串演算函数 ·· 65

2.8 匿名函数 ·· 66

2.9 符号计算 ·· 67

2.9.1 符号对象的建立和使用 ··· 67

2.9.2 符号表达式的运算 ·· 69

2.9.3 符号微积分 ··· 72

习题 ··· 74

第 3 章 MATLAB 系统仿真模型 ·· 76

3.1 动态系统概述 ··· 76

3.2 系统时域的数学模型 ·· 76

3.2.1 系统时域模型 ··· 76

3.2.2 传递函数以及典型环节的传递函数 ··· 77

3.2.3 系统方框图及其等效变换 ··· 80

3.3 系统仿真模型 ··· 81

3.3.1 传递函数建模 ··· 82

3.3.2 零极点增益建模 ··· 83

3.3.3 状态空间表达式建模 ··· 84

3.3.4 系统模型的转换 ··· 87

3.3.5 时间延迟系统建模 ·· 88

3.3.6 系统模型的属性 ··· 89

3.4 系统模型的连接 ··· 91

3.4.1 模型串联连接 ··· 91

3.4.2 模型并联连接 ··· 91

3.4.3 模型反馈连接 ··· 92

3.5 机电系统仿真建模举例 ·· 95

3.5.1 半定系统建模 ··· 95

3.5.2 机械加速度计建模 ·· 97

3.5.3 多输入多输出系统建模 ··· 99

习题 ··· 101

第 4 章 系统时间响应及其仿真 ·· 103

4.1 连续系统的仿真方法 ·· 103

4.1.1 数值积分的基本方法 ··· 103

4.1.2 数值积分法的仿真应用 ··· 105

4.1.3 数值积分方法的选择 ··· 108

4.2 系统时间响应的仿真函数 ··· 109

4.2.1　求解微分方程组的仿真函数 ………………………………… 109
4.2.2　传递函数的时间响应仿真函数 ……………………………… 112
4.3　离散时间系统的仿真 …………………………………………………… 118
4.3.1　离散时间系统的模型 …………………………………………… 118
4.3.2　离散时间系统的 z 变换 ………………………………………… 118
4.3.3　Z 域离散相似法 ………………………………………………… 120
4.4　采样控制系统仿真 ……………………………………………………… 122
4.4.1　采样控制系统的基本组成 ……………………………………… 122
4.4.2　采样控制系统仿真的采样时间 ………………………………… 123
4.4.3　采样控制系统仿真方法 ………………………………………… 124
4.5　机械加速度计的时间响应仿真 ………………………………………… 125
4.6　丝杠螺母传动机构的时间响应仿真 …………………………………… 126
4.6.1　定轴传动机构的动力学模型 …………………………………… 126
4.6.2　丝杠螺母传动机构的动力学模型 ……………………………… 127
4.6.3　丝杠螺母传动机构的仿真分析 ………………………………… 128
习题 …………………………………………………………………………… 128

第 5 章　系统频率响应及其仿真 ……………………………………………… 130
5.1　频率特性的一般概念 …………………………………………………… 130
5.1.1　频率响应与频率特性 …………………………………………… 130
5.1.2　Nyquist 图与 Bode 图 …………………………………………… 131
5.2　连续系统的频率响应计算 ……………………………………………… 131
5.3　连续系统频率特性的图示法 …………………………………………… 132
5.3.1　频率特性图 ……………………………………………………… 133
5.3.2　Nyquist 图及稳定性判别 ……………………………………… 134
5.3.3　Bode 图及相对稳定性判别 …………………………………… 138
5.4　离散系统频域仿真 ……………………………………………………… 141
5.4.1　离散系统频率响应 ……………………………………………… 141
5.4.2　离散系统频域仿真的 MATLAB 函数 ………………………… 141
习题 …………………………………………………………………………… 144

第 6 章　控制系统的性能分析 ………………………………………………… 145
6.1　控制系统性能的基本要求 ……………………………………………… 145
6.2　控制系统性能的时域指标 ……………………………………………… 145
6.2.1　动态指标 ………………………………………………………… 145
6.2.2　稳态指标 ………………………………………………………… 148
6.3　控制系统性能的频域指标 ……………………………………………… 150
6.3.1　开环频域指标 …………………………………………………… 150
6.3.2　闭环频域指标 …………………………………………………… 153
6.4　基于 LTI viewer 的系统分析 …………………………………………… 154
6.4.1　LTI viewer 的基本应用 ………………………………………… 154
6.4.2　利用 LTI viewer 的系统响应和性能分析 …………………… 156
6.4.3　LTI viewer 的其他设置 ………………………………………… 159

习题 ·· 161

第 7 章　Simulink 动态仿真基础 ······································· 162

7.1　Simulink 仿真环境 ·· 162

7.1.1　启动 Simulink 仿真环境 ·· 162

7.1.2　创建 Simulink 仿真平台 ·· 164

7.2　Simulink 库的使用介绍 ·· 165

7.2.1　Sources 子库 ··· 165

7.2.2　Sinks 子库 ·· 167

7.2.3　Continuous 子库 ·· 171

7.2.4　Math Operations 子库 ·· 172

7.2.5　Signals Routing 子库 ·· 173

7.2.6　User-Defined Functions 子库 ·································· 174

7.3　Simulink 系统仿真模型的创建 ·································· 175

7.3.1　模块的操作 ·· 175

7.3.2　Simulink 环境下的仿真运行 ···································· 176

7.3.3　Simulink 的仿真示例 ·· 178

7.4　子系统的创建 ·· 186

7.4.1　简单子系统的创建 ··· 186

7.4.2　条件子系统的创建 ··· 189

7.5　Simulink 环境中使用 Linear Analysis Tool ················· 192

习题 ·· 195

第 8 章　典型系统 Simulink 动态建模与仿真 ················· 197

8.1　曲柄滑块机构运动学和动力学的仿真 ························ 197

8.1.1　曲柄滑块机构运动学建模 ······································ 197

8.1.2　曲柄滑块机构运动学仿真 ······································ 198

8.1.3　曲柄滑块机构动力学建模 ······································ 200

8.1.4　曲柄滑块机构动力学仿真 ······································ 200

8.2　齿轮传动机构动力学仿真 ·· 202

8.2.1　齿轮传动机构动力学建模 ······································ 202

8.2.2　齿轮传动机构仿真分析 ·· 203

8.3　悬吊式起重机动力学仿真 ·· 204

8.3.1　悬吊式起重机动力学建模 ······································ 205

8.3.2　悬吊式起重机动力学仿真 ······································ 206

8.4　直流电动机伺服驱动系统的仿真 ······························ 207

8.4.1　直流电动机系统的模型 ·· 208

8.4.2　直流电动机速度模型系统仿真 ·································· 209

习题 ·· 210

参考文献 ··· 212

第1章　系统仿真与 MATLAB/Simulink

系统仿真是根据真实系统的数学模型来进行系统性能的分析和研究的，现在尤指利用计算机去研究数学模型行为的方法。系统仿真的目的是根据系统分析以获得对真实实物和过程的正确认识。

本章简要介绍系统仿真的基本概念和仿真软件 MATLAB，了解 MATLAB 的基本功能和软件结构，熟悉 MATLAB 的工作环境和基本操作。

1.1　系统仿真简述

（1）系统的定义

系统是由相互制约的各部分组成的具有一定功能的整体。系统的分类方法很多，按物理特征分为工程系统和非工程系统；按状态变化方式分为连续系统和离散事件系统；按复杂程度分为单变量系统和多变量系统等。

（2）系统模型

系统模型是对实际系统的一种抽象，是对系统特性与变化规律的一种描述。按照模型的表现形式可以分为物理模型和数学模型。

① 物理模型。物理模型是在实际系统尺寸上缩小或放大后的相似体，如：飞行器研制中的飞行模型。

② 数学模型。数学模型是用数学形式描述实际系统的结构和性能，可以描述系统的静态和动态特性。

数学模型的分类如图 1-1 所示。本书主要介绍机电系统的动态仿真，因此所涉及的数学模型主要是具有集中参数的动态连续系统。

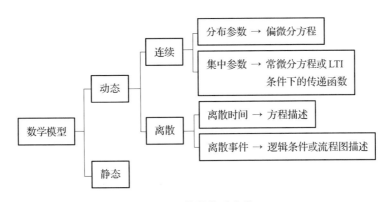

图 1-1　数学模型分类

（3）系统仿真

在工程技术中是指通过对系统模型的实验，研究一个存在的或设计中的系统，获得对系统运行规律以及未来特性的认识。按照实现方式和手段的不同，系统仿真可分为物理仿真、数学仿真和混合仿真。

① 基于物理模型的仿真。其也称为实物仿真，是指通过物理模型对研究对象的实际行为和过程进行仿真，早期的仿真大都属于这一类。由于它具有直观、形象的优点，在航天、建筑、船舶和汽车等许多行业至今仍然是一种重要的研究手段。但是构造一个复杂的物理模型十分耗时、耗资，而且调整模型结构和参数十分不便，因此基于数学模型的仿真成为现代仿真的主要方法。

② 基于数学模型的仿真。是根据被研究的真实系统的数学模型对研究对象的实际行为和过程进行仿真。这种仿真方法的优点是快捷、方便，但由于数学模型只能是实际系统的一种近似描述，所以仿真结果的有效性取决于所建模型的准确性。

③ 混合仿真。又称为数学-物理仿真，或半实物仿真，就是把物理模型和数学模型以及实物组合在一起进行实验的方法。这种方法既具有基于物理模型仿真方法的直观、形象特点，又具有基于数学模型仿真方法的快捷、方便特点，是一种非常有效的仿真方法。混合仿真应用于重要、大型的军事领域、水利工程等。

由于计算机技术的发展，系统仿真尤指利用计算机去研究系统数学模型行为的方法。系统仿真的重要工具包括硬件计算机和相关仿真软件，如 MATLAB、Pro/E、Solid Works 等。

通常把在计算机上进行的仿真称为数字仿真，又称计算机仿真。计算机与信息处理技术的发展给系统的仿真技术带来了惊人的变化，只要设计者能够全面了解系统所处的环境及系统中的对象，同时能够建立系统的数学模型，便可以使用计算机对系统进行仿真与分析。

1.2 MATLAB 仿真软件

MATLAB 是国际公认的最优秀的科技应用软件之一，由于具有强大的功能、便捷的交互界面、简单的语言、开放的编程，使其成为计算机仿真不可缺少的广泛应用的软件之一。

MATLAB 名字由 MATrix 和 LABoratory 两词的前 3 个字母组合而成。它是美国 MathWorks 公司的商业数学软件，主要用于算法开发、数据可视化、数据分析以及数值计算，具有交互式环境，主要应用包括 MATLAB 和 Simulink 两大部分。

早期的 MATLAB 只能进行矩阵运算，并用星号描点的形式画图，内部函数也只有几十个。到现在，诸如计算数学、数理统计、自动控制、数字信号处理、模拟与数字通信、时间序列分析、动态系统仿真等都把 MATLAB 作为主要工具。MATLAB 得到了广泛应用，是本科生、研究生必须掌握的基本工具之一。

现在的 MATLAB 以强大的功能在设计研究单位和工业部门被认作进行高效研究、开发的首选软件工具。如美国 National Instruments 公司的信号测量、分析软件 LabVIEW、Cadence 公司的信号和通信分析设计软件 SPW 等，或者直接建立在 MATLAB 之上，或者以 MATLAB 为主要支撑。

MATLAB 是集各领域的专家学者的智慧开发的库函数，使用了安全、成熟、可靠的算法，从而保证了最大的运算速度和可靠的结果。

MATLAB 基本功能如下：

① 数学计算功能；

② 图形化显示功能；

③ 控制系统设计与仿真功能；

④ M 语言编程功能；

⑤ 编译功能；

⑥ 图形用户界面开发设计功能；

⑦ 自动代码生成功能；

⑧ Simulink 建模仿真功能。

1.3　MATLAB 软件结构

MATLAB 是一套功能强大的工程计算软件，集计算、可视化及编程于一身。MAT-LAB 软件主要包括 MATLAB、Simulink、Stateflow、Complier、RTW 和 Coder 等部分，如图 1-2 所示。

其中，MATLAB 是整个 MATLAB 产品体系的基座，它是一个语言编程型开发平台，为其他工具提供所需要的集成环境。同时，其对矩阵和线性代数的支持使得它本身也具有强大的数学计算能力。

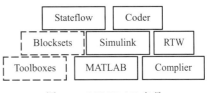

图 1-2　MATLAB 产品

Simulink 是 MATLAB 的一个工具箱，它主要用来实现对工程问题的模型化及动态仿真，其本身具有良好的图形交互界面。通过采用 Simulink 模块组合的方法，能够快速、准确地创建动态系统的计算机模型。

Compiler 是编译工具，它将以 MATLAB 语言为基础的函数文件编译生成函数库、可执行文件 COM 组件等。Complier 的存在使得 MATLAB 能够与其他高级编程语言（如 C、C++语言）进行混合编程，这样提高了程序的运行效率，并丰富了程序的开发手段。

Stateflow 是交互式设计工具，它基于有限状态机理论，用于对复杂的事件驱动系统进行建模和仿真。

RTW 是 Real-Time Workshop 的简称，它与 Coder 都是代码自动生成工具，它们可以直接将 Simulink 模型框图和 Stateflow 状态图转换成高效优化的程序代码。

此外，在 MATLAB/Simulink 基本环境下，Math Works 公司为用户提供了丰富的扩展资源，这就是大量的 Toolboxes 和 Blocksets。

1.4　MATLAB 的工作环境

MATLAB 提供了全新的工作环境，了解和熟悉该环境是使用 MATLAB 的基础。本书中程序的编写、调试是在 MATLAB R2014a 版本的环境下进行的。

下面介绍 MATLAB R2014a 的主界面、文本编辑窗口以及帮助的使用。

MATLAB 程序启动后，打开了 MATLAB 的工作环境，其操作主界面如图 1-3 所示，操作主界面一般呈现 4 个功能子窗口：①命令窗口、②当前文件夹窗口、③工作区窗口和④命令历史窗口。以上各窗口的排列和显示，在点开【布局】后的菜单上设置。

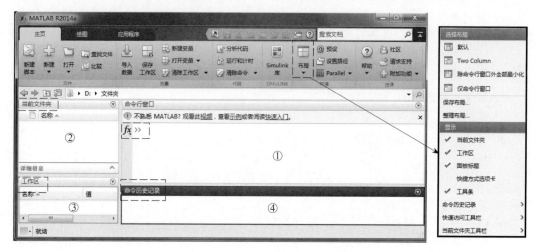

图 1-3　MATLAB R2014a 的操作界面

1.4.1　命 令 窗 口

MATLAB 的命令窗口（图 1-3 中①）是使用 MATLAB 进行工作的窗口，同时也是实现 MATLAB 各种功能的窗口。在该窗口内，可在提示符"＞＞"后输入各种 MATLAB 的指令、函数、表达式，然后按回车键确认，该命令窗口立即显示除图形外的运行结果。

为了使用 MATLAB，首先应了解一些 MATLAB 关于符号、操作命令等的若干基本规定。

（1）MATLAB 中的标点符号

标点符号在 MATLAB 语言中有重要作用，应当熟悉各种标点符号的用法。一些常用的标点符号的功能如表 1-1 所示。为了确保 MATLAB 的正确运行，各种标点符号一定要在英文状态下输入。

表 1-1　　　　　　　　　　MATLAB 中常用的标点符号的功能

名称	标点	说明
空格		输入量之间、数组元素之间分隔符
逗点	,	具有空格的功能,还可作为要显示运算结果的命令间的分隔符
黑点	.	数值表示中的小数点
分号	;	不显示计算结果命令的"结尾"标志;不显示计算结果的命令间的分隔符;数组行间分隔符
注释号	%	注释行的"启首"标志,后面行不运行
圆括号	（ ）	数组援引以及函数命令输入参量列表时用

续表

名称	标点	说明
方括号	[ ]	输入数组以及函数命令输出参量列表时用
花括号	{ }	元胞数组记述符
单引号对	' '	字符串记述符
冒号	:	用以生成一维数组以及用于表示数组下标(全行或全列)
下连符	_	可用于变量、函数或文件名的连字符以便于记、读
"At"符号	@	在函数名前形成函数句柄
续行号	…	由 3 个以上连续黑点构成,其下的物理行为该行的"继续"

(2) 命令窗口常用的命令

命令窗口常用的一些命令如表 1-2 所示。尽管在软件的交互界面有对应的相关操作,但在 M 文件中的作用仍是不可替代的,因为在 M 文件中做这些处理时需要写上这些命令。熟悉这些命令,对编程有较大的帮助作用。

表 1-2　　　　　　　　　　　　命令窗口常用的命令

命令	说明	命令	说明
cd	设置当前工作文件夹	edit	打开 M 文件编辑器
clf	清除图形窗口	exit	关闭/退出 MATLAB
clc	清除命令窗口显示内容	quit	关闭/退出 MATLAB
clear	清除 MATLAB 工作区内保存的变量	mkdir	创建文件夹
dir	列出指定文件夹下的文件和子文件夹清单	type	显示指定 M 文件的内容

(3) 命令窗口命令行的编辑

MATLAB 是一种解释性语言,命令语句逐条解释、逐条运行。为了操作方便,可以对输入到命令窗口或在命令窗口已经运行完的命令进行回调、编辑和重运行,这些操作如表 1-3 所示。

表 1-3　　　　　　　　　　　　命令窗口命令行的编辑

键名	说明	键名	说明
↑	前寻式调回已输入的命令行	End	使光标移到当前行的尾端
↓	后寻式调回已输入的命令行	Delete	删去光标右边的字符
←	在当前行中左移光标	Backspace	删去光标左边的字符
→	在当前行中右移光标	PageUp	前寻式翻阅当前窗口的内容
Home	使光标移到当前行的首段	PageDown	后寻式翻阅当前窗口的内容
Esc	清除当前行的全部内容		

除利用以上操作对命令窗口已输入的命令进行编辑外，还可结合命令历史窗口完成命令的编辑。

命令窗口的一行中可同时输入多条命令，不同的命令间需用逗号"，"或分号"；"隔开，这两种符号的区别如表 1-1 所示。

1.4.2　命令历史窗口

命令历史窗口（command history window）完整记录着在命令窗口输入过的所有命令。如果命令历史窗口没有在 MATLAB 主界面出现，打开命令历史窗口的操作如下：在【主页】的菜单上选择【布局】图标，然后选择【命令历史记录】，再选择【已停靠】，最后就可以看到历史命令记录的窗口了，如图 1-4 所示。

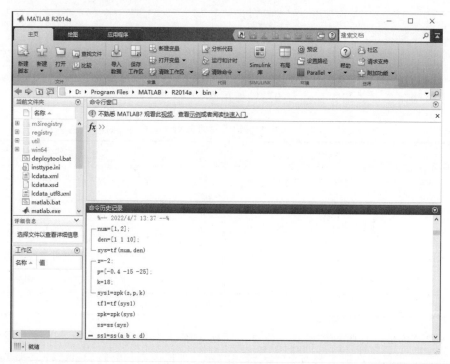

图 1-4　命令历史窗口

通过命令历史窗口，在此窗口被记录的命令行都能被复制或送回命令窗口再运行。如果是单行的历史命令的再运行，用鼠标左键直接双击该命令，即可运行该命令。若进行多行的历史命令的操作，可按如下过程进行，如图 1-5 所示：

① 利用<Crtl＋鼠标左键>组合键选择窗口所需命令行。

② 在选择的命令行上，单击鼠标右键，弹出下拉菜单。

③ 选中下拉菜单中的选项。如【执行所选内容】在命令窗口运行所选命令；【创建脚本】将所选命令组建成 M 脚本文件。

图 1-5　多行历史命令的操作

1.4.3　当前文件夹窗口、路径设置和文件管理

（1）当前文件夹窗口

当前文件夹窗口是 MATLAB 当前文件读取和存储的默认路径，该窗口也称当前目录浏览器。窗口显示了当前文件夹所包含的所有文件，如图 1-6 所示。

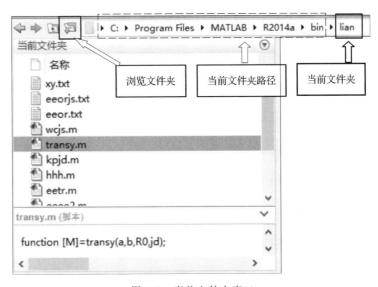

图 1-6　当前文件夹窗口

要运行当前文件夹中的某个 M 文件，在该 M 文件上用鼠标左键双击即可运行；或用鼠标左键选择该文件，再单击鼠标右键弹出快捷菜单，如图 1-7 所示，选中【运行】选项即可。若选中【打开】选项则会打开另外一个窗口，即文本编辑窗口，可以在文本编辑窗口编辑文件内容。

图 1-7　快捷菜单

（2）用户文件夹和当前文件夹设置

为了方便文件管理，用户应该建立一个自己专用的工作文件夹（或目录），即"用户文件夹"，用来存放用户自己创建的应用文件。

如果要将"用户文件夹"设置为 MATLAB 的当前文件夹，具体操作方法如下：

鼠标左键单击当前文件夹窗口上方的"浏览文件夹"工具按钮 ，如图 1-6 所示，弹出"选择新文件夹"窗口，如图 1-8 所示，在此窗口选择设置为当前的文件夹，然后单击【选择文件夹】按钮结束选择。

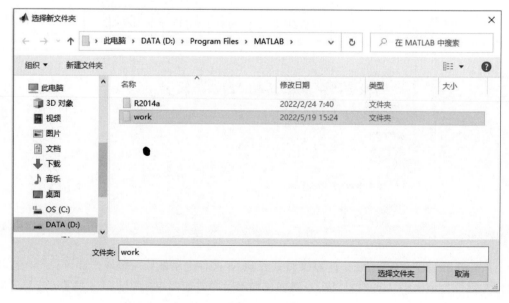

图 1-8　选择新文件夹窗口

(3) MATLAB 的搜索路径

MATLAB 的所有函数或文件都存放在文件夹中，路径可看作是定位文件夹。MATLAB 把这些文件夹按优先次序设计为"搜索路径"上的各个节点。在 MATLAB 工作时，就沿着此搜索路径，从各个文件夹上寻找所需调用的文件、函数、数据。

当在命令窗口输入一个命令后，MATLAB 对该命令的基本搜索顺序大致如下：

① 首先会在 MATLAB 的工作区内寻找，看是不是变量（包括预定义变量）。

② 否则，MATLAB 会找这个命令是否为内部函数，如果是，则调用。

③ 否则，会寻找当前文件夹中是否存在同名的 M 文件，如果有，则调用。

④ 否则，会继续寻找 MATLAB 的搜索路径的所有文件夹中是否有同名的 M 文件，如果有，则调用。

⑤ 如果都没有找到，则报错。

简单来说，凡不在搜索路径上的内容，不可能被搜索，因而也不可能被运行。

如果在 MATLAB 搜索路径存在不止一个函数具有同一个函数名，则 MATLAB 将只运行搜索中遇到的第一个函数，而其他的同名函数将被屏蔽且不能运行。

设置搜索路径就是将一些可能要被用到的函数或文件的存放路径提前通知系统，而无须在运行和调用这些函数和文件时输入一长串的路径，在此路径下的函数可以直接使用。

用户可以根据需要修改 MATLAB 的搜索路径，如将多个不同的用户文件夹添加到 MATLAB 的搜索路径中，或调整搜索顺序等。

在 MATLAB 操作界面工具栏中，单击设置路径 📁 **设置路径** 图标，即可弹出设置路径对话框，按图添加即可。

1.4.4　工作区窗口

工作区窗口也称为内存浏览器，它保存了命令窗口所使用过的全部变量（除非有意删除）。"工作区窗口"交互界面如图 1-9 所示。

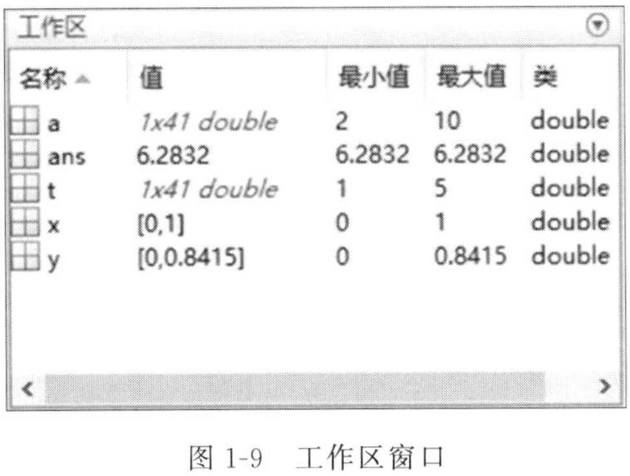

名称 ▲	值	最小值	最大值	类
a	1x41 double	2	10	double
ans	6.2832	6.2832	6.2832	double
t	1x41 double	1	5	double
x	[0,1]	0	1	double
y	[0,0.8415]	0	0.8415	double

图 1-9　工作区窗口

通过工作区窗口对保存在工作区内的变量可进行操作。

用鼠标右击工作区窗口的某个变量，即弹出一个下拉菜单，再用鼠标选择对该变量的相应操作，如复制、删除、绘图等。

工作区的变量可以保存在文件中，文件扩展名为（. mat），称为数据文件。数据文件的存取可通过工作区窗口来实现，操作步骤如下：

① 保存全部内存变量。单击【主页】（图 1-3）工具栏中的保存工作区 ▦ 图标，将工作区变量保存到文件，在弹出的"另存为"对话框中填写文件名（不用带扩展名），选择文件所在文件夹，单击【保存】按钮，即可。

② 保存部分内存变量。选择工作区窗口所需保存的变量；单击鼠标右键弹出的下拉菜单，选择"另存为"；在"另存为"对话框中填写待建数据文件名，选择所在文件夹，单击【保存】按钮。

③ 数据文件中全部变量或部分变量装入内存。单击【主页】工具栏中的【导入数据】 ▦ 图标，将保存在文件中的数据导入工作区，在弹出的导入数据的对话框中（图 1-10），选择待导入数据文件所在文件夹及文件名（不用带扩展名），单击【打开】按钮进入导入向导对话框（图 1-11），在导入向导对话框中勾选待导入变量，单击【完成】按钮即可。

图 1-10　导入数据对话框

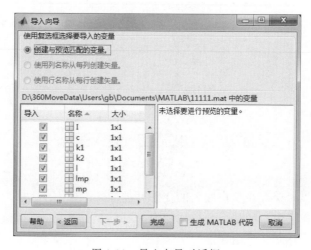

图 1-11　导入向导对话框

1.4.5　文本编辑窗口

对于比较简单的问题，通过命令窗口直接输入命令，然后得到结果，这样的交互工作方式十分便捷。但当程序结构比较复杂时，命令窗口直接输入命令就显得不便，此时通过文件编程的工作方式，将所有的命令保存到一个文件，该文件称为 M 文件（带 .m 扩展名的文件），在命令窗口输入该 M 文件的文件名，就运行该 M 文件，一次完成所有命令。

文本编辑窗口也称 M 文件编辑器，就是编写和修改 M 文件用的。

可以通过选择【新建脚本】 图标，或打开一个原有 M 文件的方式来进入文本编辑窗口，如图 1-12 所示。在此窗口内编写和修改要运行的命令后，选择【保存】按钮，或选择【另存为】，使用默认文件名或命名新的文件名，文件命名不能使用汉字。

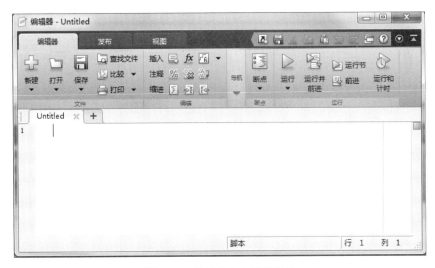

图 1-12　新建的文本编辑窗口

1.4.6　MATLAB 帮助的使用

MATLAB 为用户提供了非常详尽的帮助信息。例如，MATLAB 的在线帮助、PDF 格式的帮助文件、MATLAB 的例子和演示等。MATLAB 中提供的帮助系统对MATLAB 的功能叙述得极为丰富、详尽，而且界面简单便捷，是用户寻求帮助的主要资源。

选择 MATLAB 操作主界面工具栏中的【帮助】 图标，打开如图 1-13 所示的操作界面。在该帮助界面中的搜索文档框内输入关键词，可以查找含有关键词的文档。在下部显示的文档文件夹内选择某一内容，将会展开详细的资料。

在命令窗口输入一条不知如何使用的命令时，也可以从 MATLAB 得到帮助。如图 1-14所示，若想了解 "max" 的信息，在命令窗口输入 "max"；用鼠标选中 "max"，并在其上单击鼠标右键；在弹出的现场菜单中选中【关于所选内容的帮助】选项，随后即打开了关于 "max" 的一个帮助信息窗口。

图 1-13　帮助窗口

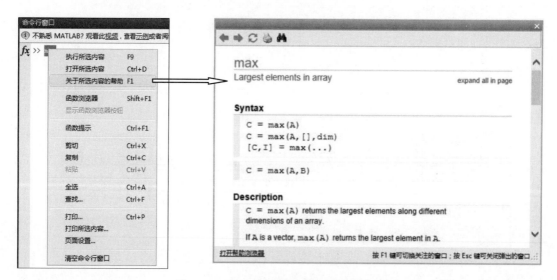

图 1-14　MATLAB 提供的现场帮助信息

另外，在 MATLAB 命令窗口内，可直接输入帮助命令"help"求助。如图 1-15 所示，在命令窗口输入"help max"，在命令窗口内显示了"max"的帮助信息。

MATLAB 还提供了一些其他的帮助命令，如表 1-4 所示。关于这些命令的详细内容可以用 help 命令自行查询，可多练习以加深体会。

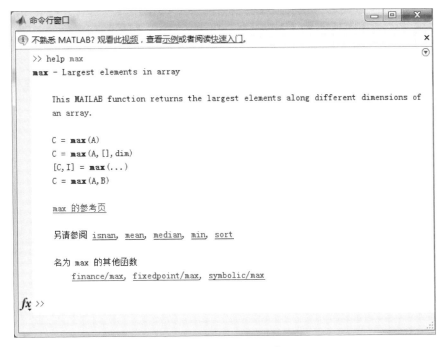

图 1-15　help max 帮助信息

表 1-4　　　　　　　　　　　　　　　　　**其他帮助命令**

命令	说明
lookfor	在所有帮助条目中搜索含有关键字的文件
exit	检查指定名字的变量或函数文件
what	按扩展名分类列出(在搜索路径中)指定目录上的文件名
which	列出指定名字文件所在的目录
who	列出工作区内的变量名
what	列出工作区内的变量名及其细节

习　　题

1. MATLAB 有哪几个主要的窗口？如何改变操作界面上铺放的窗口？

2. 如何从【主页】操作界面弹出"几何独立"的通用窗口？又如何使这些独立窗口返回操作界面？

3. MATLAB 中逗号、分号主要用于哪些方面？

4. 如何清空工作区内的变量？如何清空命令窗口？

5. 如何查看变量的类型？

6. 如何重新运行已运行完的命令？

7. 在指令窗口运用 who、whos 指令查阅 MATLAB 内存变量。

8. 当前目录浏览器有哪些主要功能？

9. 变量的查阅、保存和编辑使用哪个浏览器？

10. 存储在工作区内的数组能编辑吗？如何操作？

11. MATLAB 提供了较好的演示程序，在 MATLAB 的指令窗口输入 demo，则可以直接运行演示程序。试运行 MATLAB 的演示程序，初步了解 MATLAB 的基本使用。

12. 熟悉帮助导航/浏览器（help navigator/browser）。

13. 当需要查找具有某种功能的命令或函数，但又不知道该命令或函数的确切名字时，如何查找？

第 2 章　MATLAB 编程基础

MATLAB 不但是一个功能强大的工具软件，更是一种高效的编程语言。在 MATLAB 中，无论是问题的提出，还是结果的表达，都采用了人们习惯的数学描述方法，而不需要用传统的编程语言进行前后处理。这一特点使 MATLAB 成为数学分析、算法开发及应用程序开发的良好环境。

要学习 MATLAB，首先需要掌握 MATLAB 语言，理解 MATLAB 数组、数据可视化和程序流程的控制等。

本章重点介绍数组（Array）的基本操作，包括数组的定义、存取和运算等；MATLAB 程序设计的基本规则和方法；条件、循环流程的控制；MATLAB 的二维绘图的各种操作，三维的简单绘图；M 文件分类、结构和编写；符号对象的建立及运算等。

2.1　数值数组的建立和访问

数组与矩阵是 MATLAB 的基础。从外观形状和数据结构上看，二维数组和数学中的矩阵没有区别，矩阵是数学的概念，而数组是计算机程序设计领域的概念。矩阵运算有着明确而严格的数学规则，而数组运算是 MATLAB 软件所定义的规则，其目的是为了数据管理方便、操作简单、命令形式自然和运行计算有效。

二者的联系主要体现在：在 MATLAB 中，矩阵是以数组的形式存在的。因此，一维数组相当于向量，二维数组相当于矩阵，所以矩阵是数组的子集。

本节介绍变量、赋值语句和数组的基本形式。

2.1.1　变　　量

变量是为保存数据信息而给数据起的一个名字。MATLAB 变量的特点是不需事先声明，也不需指定数据类型，MATLAB 自动根据所赋予变量的值或对变量所进行的操作来确定数据类型；MATLAB 提供了丰富的数据类型，包括：逻辑类型（logical）、字符类型（char）、数值类型（numeric）、元胞数组类型（cell）、结构体类型（structure）、表格类型（table）、函数句柄类型（function handle）等。变量的默认数据类型为数值类型的双精度（double）。

变量的命名规则：① 变量名对字母大小写敏感，如 MAY、May 表示不同变量；② 变量名以字母开头，且只能由英文、数字和下连符组成，变量名中不得包含空格和标点符号如 my_var 是合法的变量名。

在 MATLAB 的内部，有一些预定义的变量，如表 2-1 所示。在 MATLAB 启动时，这些变量就自动产生，用户最好不要使用与预定义变量相同的变量名。

表 2-1 <center>**MATLAB 预定义变量**</center>

预定义变量	含义	预定义变量	含义
ans	计算结果的默认变量名	NaN 或 nan	不是一个数,如 $0/0$, ∞/∞
eps	机器零阈值	realmax	最大可用正实数
i 或 j	虚单元 $i=j=\sqrt{-1}$	realmin	最小可用正实数
pi	圆周率 π	nargin	函数输入变量数目
Inf 或 inf	无穷大(∞),如 $1/0$	nargout	函数输出变量数目

2.1.2 赋 值 语 句

MATLAB 采用命令行形式的表达式语言,每一个命令行就是一条语句,其格式与书写的数学表达式十分相近,非常容易掌握。

变量赋值使用赋值符号"＝",赋值语句的基本结构如下:

$$变量＝赋值表达式 \tag{2-1}$$

其中,等号右边的表达式由变量名、常数、函数和运算符构成,赋值语句把右边表达式的值赋给了左边的变量,并将返回值显示在 MATLAB 的命令窗口。

【**例 2-1**】对 a 赋值,实现 $a=100+99$。

在 MATLAB 命令窗口输入下面语句并按回车键确认。

```
a = 100 + 99
```

运行结果如下:
```
a =

     199
```

【**例 2-2**】通过调用 sin（）函数求 $a=\sin(\pi/2)$ 的值。

在 MATLAB 命令窗口输入下面语句并按回车键确认。

```
a = sin(pi/ 2)
```

运行结果如下:
```
a =

     1
```

2.1.3 数值数组的建立

在 MATLAB 环境下,每一个变量都可看作是一个数组或矩阵。MATLAB 中最基本的数据结构是二维的数组或矩阵,可以方便地存储和访问大量数据。每个数组或矩阵的元素可以是数值类型、逻辑类型、字符类型等。

(1) 简单的数值数组的建立

① 方括号法。从键盘上直接输入是最常用的创建数组的方法。

要注意的是：整个数组必须用方括号"［］"括起来。数组的行与行之间必须用分号";"隔离。每行数组元素必须由逗号","或空格分开。

【例 2-3】利用方括号法建立一维数组。

```
x1 = [1,3;7,9]
```

运行结果如下：

x1 =

      1   3

      7   9

② 冒号建立法。该方法用来建立一维数组（向量），其通用格式为：

$$x = a : \text{inc} : b \tag{2-2}$$

其中，a 是数组起始值；inc 是采样点之间的间隔，即步长；b 为终止值。

a. 如果 $(b-a)$ 是 inc 的整数倍，则数组最后一个元素等于 b，否则小于 b。

b. inc 可以取正数，也可取负数，省略时默认为 1。

c. 如果 inc > 0 且 $b < a$，或 inc < 0 且 $b > a$，则 x 为空向量。

【例 2-4】利用冒号建立一维数组。

```
x = 0:2:10
```

运行结果如下：

x =

   0   2   4   6   8 10

③ 定数线性采样法。该方法在设定的"总点数"下，均匀采样建立一维"行"数组。其通用格式为：

$$x = \text{linspace}(a,b,n) \tag{2-3}$$

a. a、b 分别是建立数组的第一个和最后一个元素，n 是采样总点数。

b. 该命令与 $x = a : (b-a)/(n-1) : b$ 的结果相同。

c. 当 n 省略时，总点数默认为 100。

【例 2-5】利用 linspace ( ) 命令建立一维数组。

```
y1 = linspace(0,pi,6)
y2 = linspace(pi,0,6)
```

运行结果如下：

y1 =

  Columns 1 through 5

```
       0   0.6283   1.2566   1.8850   2.5133
   Column 6
      3.1416
y2 =
   Columns 1 through 5
      3.1416   2.5133   1.8850   1.2566   0.6283
   Column 6
            0
```

④ 程序运行后输入数据。上面的数组的创建，是在程序运行前创建的。若在程序运行中创建数组，则可以使用 input 函数来进行，调用格式为：

A＝input（'提示信息'）；将用户键入的内容赋给变量 A。

A＝input（'提示信息'，'s'）；将用户键入的内容作为字符串赋给变量 A。

命令中'提示信息'是将显示在屏幕上的字符串用于提示用户从键盘输入数据。

【例 2-6】从键盘输入 A 数组。

```
A = input('输入 A 数组')
```

运行后命令窗口提示：输入 A 数组。然后用方括号输入数组。

```
[1,2,3]
```

回车后，运行结果如下：
A =

        1   2   3

【例 2-7】从键盘输入字符串。

```
m = input('What's your name? ','s')
```

运行后命令窗口提示"What's your name?"，然后输入字符串。

```
MATLAB
```

回车后，运行结果如下：
m =

    MATLAB

（2）用内置函数建立数组

为了方便使用和提高编程效率，MATLAB 提供了一些常用的内置函数来建立数组，如表 2-2 所示。这些函数的用法都很灵活，必要时可参看 MATLAB 的联机帮助。

表 2-2   MATLAB 内置的数组函数

命令	含义	举例
diag	产生对角形数组(二维以下)	diag([3,3,3])
eye	产生单位数组(二维以下)	eye(3)
magic	产生魔方数组(二维以下)	magic(3)
ones	产生全 1 数组	ones(3)
rand	产生 0、1 间均匀分布的随机数组	rand(3)
randn	产生－1、1 间正态分布随机数组	randn(2,3)
zeros	产生全 0 数组	zeros(3,2)

【例 2-8】调用 ones 数组建立函数，创建二维数组。

```
a = 3 * ones(4,5)          % 产生 4 行 5 列全 3 数组
```

运行结果如下：

a =

      3   3   3   3   3
      3   3   3   3   3
      3   3   3   3   3
      3   3   3   3   3

(3) 利用 M 文件创建和保存数组

对于需要经常调用的且比较大的数组，可专门为该数组创建一个 M 文件。利用 M 文件编辑器输入该数组并保存，以后只要在 MATLAB 命令窗口运行该文件，文件中的数组就会在 MATLAB 工作区自动建立。

【例 2-9】创建和保存数组 B 的 M 文件 testm. m。

① 打开文本编辑器，输入以下内容，见图 2-1 所示。

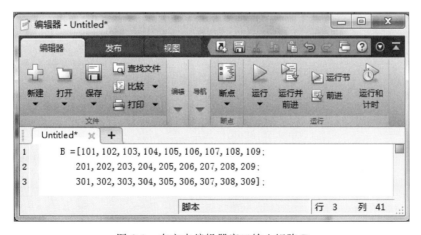

图 2-1　在文本编辑器窗口输入矩阵 B

② 将此文件另存为 testm. m，用 M 文件保存输入的矩阵。

③ 以后只要命令窗口输入 testm，运行 testm. m 文件，就会自动建立数组 B，并保存在 MATLAB 的工作区中，如图 2-2 所示的箭头指向。

图 2-2　运行 testm. m 文件生成数组 B

2.1.4　数组元素的访问与赋值

在 MATLAB 中，一个数组可以分解为多个数组元素，数组元素的访问与赋值就是根据数组元素的标识进行的。

（1）一维数组的访问与赋值

一维数组元素的标识是元素在数组中位置的顺序号，即元素的下标。一维数组访问的一般格式为 X（index），X 为数组名，index 为下标，注意下标使用圆括弧括起来。下标可以是单个正整数或正整数数组。

【例 2-10】 一维数组访问。

```
rand('state',0)          %把均匀分布随机发生器置为 0 状态
x = rand(1,5)            %产生（1×5）的均匀分布随机数组
y1 = x(3)               %访问数组 x 的第 3 个元素
y2 = x([1 2 5])         %访问数组 x 的第 1、2、5 个元素组成的子数组
y3 = x(1:3)             %访问前 3 个元素组成的子数组
y4 = x(3:end)           %访问除第 3 个元素起,至 end 最后一个元素
Y5 = x(3:-1:1)          %由前 3 个元素倒排构成的子数组
Y6 = x(find(x>0.5))     %由大于 0.5 的元素构成的子数组
```

运行结果如下：

x =

　　0.9501　0.2311　0.6068　0.4860　0.8913

y1 =

　　0.6068

y2 =

```
        0.9501    0.2311    0.8913
y3 =
        0.9501    0.2311    0.6068
y4 =
        0.6068    0.4860    0.8913
y5 =
        0.6068    0.2311    0.9501
y6 =
        0.9501    0.6068    0.8913
```

（2）二维数组的访问与赋值

对二维数组，数组元素的标识是行号和列号，可以用 A（i，j）来表示第 i 行第 j 列的元素，如 A（3，2）代表第 3 行第 2 列的元素。

二维数组在内存中是按列存放的，如 3×3 数组：

$$S = \begin{pmatrix} 1,\ 2,\ 3 \\ 4,\ 5,\ 6 \\ 7,\ 8,\ 9 \end{pmatrix} \tag{2-4}$$

在内存中存放的顺序为：1，4，7，2，5，8，3，6，9。因此，二维数组也可与一维数组一样按一个下标进行索引，如 S（6）＝8。

同样，利用 MATLAB 的冒号运算，可以更方便地进行数组（矩阵）的子数组（子矩阵）的访问和赋值。

例如，A（:，j）表示 A 矩阵第 j 列全部元素。

A（i，:）表示 A 矩阵第 i 行全部元素。

A（1:3，2:4）表示对 A 矩阵取第 1～3 行、第 2～4 列中所有元素构成的子矩阵。

【例 2-11】 二维数组访问。

```
x =[1，2，3，4；4，5，6，7；6，7，8，9]    %产生(3×3)的二维数组
y1 = x(:)'                               %将二维矩阵转化成行向量
y2 = x([1 3 7])                          %按一维数组访问数组 x 的第 1、3、7 个
                                           元素组成的子数组
y3 = x(1:2,:)                            %访问前 2 行元素组成的子数组
y4 = x(:,2:3)                            %访问中间 2 列元素组成的子数组
y5 =[x(1,2),x(3,3)]                      %访问 1 行、2 列及 3 行、3 列的 2 个元素
                                           组成的子数组
```

运行结果如下：

```
x =
        1    2    3    4
        4    5    6    7
        6    7    8    9
```

y1 =

Columns 1 through 9

    1   4   6   2   5   7   3   6   8

Columns 10 through 12

    4   7   9

y2 =

    1   6   3

y3 =

    1   2   3   4

    4   5   6   7

y4 =

    2   3

    5   6

    7   8

y5 =

    2   8

2.1.5　数组大小的改变

（1）数组的合并

数组的合并就是把两个或者两个以上的数组数据连接起来得到一个新的数组。合并使用数组构造符［］，可起到数组合并操作符的作用。表达式 C＝［A B］在水平方向上合并数组 A 和 B，要求 A、B 数组行数相同；而表达式 C＝［A；B］在竖直方向上合并数组 A 和 B，要求 A、B 数组列数相同。

【例 2-12】 数组的合并

```
A = [1  2  3；2  3  4]；
B = [4  5  6；5  6  7]；
C = [A  B]
```

运行结果如下：

C =

    1   2   3   4   5   6

    2   3   4   5   6   7

（2）数组行列的删除

要删除数组的某一行或者某一列，只要把该行或者该列赋予一个空数组 ［］ 即可。

【例 2-13】 数组的删除

```
A = magic(3)          % 构造一个魔方数组
A(3, :) = []          % 删除数组第 3 行
```

运行结果如下：

A =

  8 1 6

  3 5 7

  4 9 2

A =

  8 1 6

  3 5 7

2.1.6　数组尺寸信息的获取

通过数组尺寸函数可以得到数组的形状和大小信息，如表 2-3 所示。

表 2-3　　　　　　　　　　　　　　　　　　数组尺寸函数

函数名	函数描述	基本调用格式	
length	数组最大长度方向的长度	$n = \mathrm{length}(X)$	相当于 $\max(\mathrm{size}(X))$
ndims	数组的维数	$n = \mathrm{ndims}(A)$	数组的维数
numel	数组的元素个数	$n = \mathrm{numel}(A)$	数组的元素个数
size	数组的各个方向的长度	$d = \mathrm{size}(X)$	返回的大小信息以向量方式存储
$[m, n] = \mathrm{size}(X)$	返回的大小信息分开存储	$m = \mathrm{size}(X, dim)$	返回某一维的大小信息

当不知道某个数组的大小时，可使用 size 命令。

如对【例 2-13】运行得到的数组 A 使用命令：

```
size(A)
```

运行结果如下：

ans =

  2 3

数组 A 由原来的 A（3×3）变为 A（2×3）。

2.2　数组运算和矩阵运算

MATLAB 中提供了丰富的运算符，可满足各种应用需求。这些运算符包括算数运算符、关系运算符和逻辑运算符等。

2.2.1　数组和矩阵的算数运算

从运算的角度来看，矩阵运算与数组运算有显著的不同，它们在 MATLAB 中属于两类不同的运算。矩阵运算是从矩阵的整体出发，依照线性代数的运算规则进行；而数组运算则是从数组的元素出发，针对每个元素进行运算，或者说，无论对数组施加什么运算（加减乘除或函数），总认定此种运算对被运算数组中的每个元素平等地实施同样的操作。

23

表 2-4 列出了常用的数组和矩阵的运算符及应用示例对照，应注意这两种运算之间的区别。数组"乘、除、乘方、转置"运算符前的小黑点绝不能省略，在运行数组与数组之间的运算时，参与运算的数组必须同维。

表 2-4　　　　　　　　　常用的数组和矩阵的运算符及应用示例对照表

	数组运算		矩阵运算	
运算符	命令	含义	命令	含义
.'	A.'	非共轭转置	A'	共轭转置
+	s+B	标量 s 分别与 B 元素之和		
	A+B	对应元素相加	A+B	矩阵相加
,.	s.*A	标量 s 分别与 A 元素之积	s*A	标量 s 分别与 A 元素之积
	A.*B	对应元素相乘	A*B	内维相同矩阵的乘积
./,.\	s./B, s.\B	s 分别被 B 的元素除	s*inv(B)	B 的逆乘 s
./	A./B	A 的元素被 B 的对应元素除	A/B	A 右除 B
.\	B.\A	同上	B\A	A 左除 B
.^	A.^n	A 的每个元素自乘 n 次	A^n	A 为方阵时,自乘 n 次

【例 2-14】数组与矩阵运算。

```
A = [-1, -2; -3, -4];
B = [1,2;3,4];
C = A + B * i        % 建立复数数组
X = A. * B           % 数组相乘
Y = A * B            % 矩阵相乘
```

运行结果如下：

```
C =
      -1.0000 + 1.0000i   -2.0000 + 2.0000i
      -3.0000 + 3.0000i   -4.0000 + 4.0000i
X =
      -1   -4
      -9   -16
Y =
      -7   -10
      -15   -22
```

2.2.2　数组的关系运算与逻辑运算

在某些事物的分析过程中，与数值大小的表现不同，需使用关系和逻辑的运算来判断，用"真"与"假"的组合进行决策。在 MATLAB 中，关系运算与逻辑运算只适用数组，不适用矩阵。所有关系和逻辑表达式的计算结果是一个由 0 和 1 组成的逻辑数组。在此数组中的 1 表示"真"，0 表示"假"。

关系运算符如表 2-5 所示。MATLAB 的关系运算符只对具有相同维数的两个数组（或其中一个为标量）进行比较，比较数组之间的每个元素（或标量），比较结果与数组同维。

逻辑运算符如表 2-6 所示。MATLAB 的逻辑运算符只对具有相同维数的两个数组（或其中一个为标量）之间进行逻辑运算，逻辑运算在数组每个元素（或标量）之间进行，逻辑运算结果与数组同维。

表 2-5　　　　　　　　　　　　　　　　　关系运算符

命令	含义	命令	含义
<	小于	<=	小于等于
>=	大于等于	==	等于
>	大于	~=	不等于

表 2-6　　　　　　　　　　　　　　　　　逻辑运算符

命令	含义	命令	含义	命令	含义
&	与、和	|	或	~	否、非

【例 2-15】数组的关系运算。

```
A = 1：9，B = 10 - A，r0 = ( A < 4 )，r1 = ( A == B )，r2 = ( A > B )
```

运行结果如下：
```
A =
    1  2  3  4  5  6  7  8  9
B =
    9  8  7  6  5  4  3  2  1
r0 =
    1  1  1  0  0  0  0  0  0
rl =
    0  0  0  0  1  0  0  0  0
r2 =
    0  0  0  0  0  1  1  1  1
```

【例 2-16】数组的逻辑运算。

```
A = [0 2 3 4；1 3 5 0]；B = [1 0 5 3；1 5 0 5]；
C =    A&B          % 与运算
D =    A|B          % 或运算
E = ~A             % 非运算
```

运行结果如下：

C =

    0   0   1   1

    1   1   0   0

D =

    1   1   1   1

    1   1   1   1

E =

    1   0   0   0

    0   0   0   1

【例 2-17】 数组的关系和逻辑运算的应用。

```
A = zeros(2,5);          % 创建一个(2×5)全零数组 A
A(:) = - 4:5             % 运用"全元素"法向数组 A 赋值
L = abs(A)＞3            % 创建与数组 A 同维的"0-1"逻辑值的数组
X = A(L)                 % 把逻辑数组 L 中逻辑值"1"对应的数组 A 元素取出
Y = find (abs(A)＞3 )    % 把数组 A 中元素大于"3"的对应下标取出
```

运行结果如下：

A =

    -4   -2   0   2   4

    -3   -1   1   3   5

L =

    1   0   0   0   1

    0   0   0   0   1

X =

    -4

    4

    5

Y =

    1

    9

    10

2.2.3　数组运算的常用函数

MATLAB 提供了大量针对数组的函数运算，这些函数的使用很方便，只要遵循数组运算的规则即可。表 2-7～表 2-10 列出了一些与系统仿真相关的常用函数。

表 2-7　　　　　　　　　　　　　三角和超越函数

名称	含义	名称	含义	名称	含义
sin	正弦	asin	反正弦	sinh	双曲正弦
cos	余弦	acos	反余弦	cosh	双曲余弦
tan	正切	atan	反正切	tanh	双曲正切
cot	余切	acot	反余切	coth	双曲余切

表 2-8　　　　　　　　　　　　　指数和对数函数

名称	含义	名称	含义	名称	含义
log2	以 2 为底的对数	Log10	常用对数	log	自然对数
exp	指数	pow2	2 的幂	sqrt	平方根

表 2-9　　　　　　　　　　　　　复数函数

名称	含义	名称	含义	名称	含义
abs	模或绝对值	real	复数实部	imag	复数虚部
conj	复数共轭	angle	相角（弧度）		

表 2-10　　　　　　　　　　　　数值处理函数

名称	含义	名称	含义
fix	向零取整	round	四舍五入
floor	向负无穷方向取整	mod	模除求余（与除数同号）
sign	符号函数	rem	模除求余（与被除数同号）
ceil	向正无穷方向取整		

2.3　其他数组

2.3.1　"非数"和"空"数组

（1）非数

非数（not a Number）指 0/0、∞/∞、$0\times\infty$ 之类的运算，在 MATLAB 中用 NaN 或 nan 表示。

NaN 具有以下性质：

- NaN 参与运算所得的结果也是 NaN，即具有传递性。
- 非数没有大小的概念，不能比较两个非数的大小。

非数的功用如下：

- 真实表示 0/0、∞/∞、$0\times\infty$ 运算的结果。
- 避免因这类异常运算而造成程序中断。
- 在数据可视化中，用来裁减图形。

【例 2-18】 非数的产生和性质。

① 非数的产生

$a = 0/0, n = 0 * \log(0)$

$a =$

     NaN

$n =$

     NaN

② 非数具有传递性

$d = \sin(a)$

$d =$

     NaN

【例 2-19】 非数的产生和处理。

求近似极限，修补图形缺口，运行结果如图 2-3 所示。

```
t = -2 * pi:pi/10:2 * pi;        %该自变量数组中存在零值
y = sin(t)./t;                   %在 t = 0 处,计算将产生 NaN
tt = t + (t == 0) * eps;         %逻辑数组参与运算,用"机器零"代替 0 元素
yy = sin(tt)./tt;                %用数值可算的 sin(eps)/eps 近似替代 sin0/0
subplot(1,2,1),plot(t,y),axis([-7,7,-0.5,1.2])
xlabel('t'),ylabel('y'),title('残缺图形')
subplot(1,2,2),plot(tt,yy),axis([-7,7,-0.5,1.2])
xlabel('t'),ylabel('yy'),title('正确图形')
```

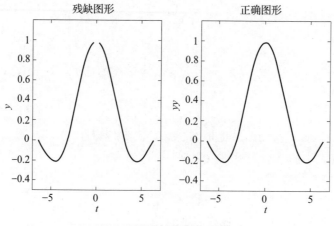

图 2-3 非数的产生和处理

（2）"空"数组

在 MATLAB 中，"空"数组除了用 [ ] 表示外，某维或若干维长度均为 0 的数组都是"空"数组。

【例 2-20】"空"数组示例。

$$a = [\ ], b = ones(0, 2), c = zeros(3, 0) \qquad \%\ 创建空数组$$

运行结果如下：

```
a =
        []
b =
        Empty matrix:0 - by - 2
c =
        Empty matrix:3  by  0
```

2.3.2　字符串数组

字符串数组主要用于数据可视化、图形用户界面（GUI）制作等，它与数值数组是不同类型。在 MATLAB 中，字符串是用单引号括起来的字符序列。

（1）用字符变量创建字符串数组

字符变量的创建方式是在命令窗口，将待建的字符放在单引号中，再按<Enter>键（单引号对必须在英文状态下输入）。可以把一个字符串当作一个行向量。

【例 2-21】字符串的创建。

$$a = 'hello\ MATLAB' \qquad \%\ 创建字符数组\ a$$

运行结果如下：

```
a =
  hello MATLAB
```

（2）字符串数组的元素标识

在一维字符串数组中，MATLAB 按自左至右的顺序标识字符的位置，如：

$$b = a(end: -1:1)$$

运行结果如下：

```
b =
        BALTAM olleh
```

（3）中文字符串数组

在中文字符串数组中，每个字符占一个元素位置，如：

```
A = '机械电子工程',size(A)
```

运行结果如下：

```
A =

      机械电子工程

ans =

      1       6
```

（4）多行字符串数组的创建

利用 char（）函数创建，该函数创建字符数组时，按最长行设置每行长度，其他行的尾部用空格填充，如：

```
C = char('hello','MATLAB'),size(C),length(C(1,:))
```

运行结果如下：

```
C =

      hello
      MATLAB

ans =

      2       6

ans =

      6
```

（5）字符串转换函数

字符串转换函数用来对不同进制、不同类型的字符串进行转换。部分常用的字符串转换函数如表 2-11 所示。

表 2-11　　　　　　　　　　　　部分常用的字符串转换函数

命令	含义	命令	含义
abs	把字符串翻译成 ASCll 码	int2str	把整数转换为字符串
bin2dec	二进制字符串转换成十进制整数	num2str	把数值转换为字符串
char	ASCII 码及其他非数值类数据转换成字符串	setstr	把 ASCII 码翻译成字符串
double	把任何类数据转换成双精度数值	str2num	把字符串转换为数值

【例 2-22】 字符串转换函数。

```
a = rand(2,2),b = 'example'
c = abs(b)              %字符串翻译成 ASCll 码
d = char(c)             %将 ASCll 码转换成字符串
e = num2str(a)          %数值转换成字符串
```

```
a =
    0.8147   0.1270
    0.9058   0.9134
b =
    example
c =
    101   120   97   109   112   108   101
d =
    example
e =
    0.81472   0.12699
    0.90579   0.91338
```

用 size（a）、size（e）可清楚看出变量 a 与变量 e 的差异。用 class（）函数也可看出差异。

2.3.3　元 胞 数 组

元胞数组也称单元数组，元胞（cell）可以保存任意类型和大小的数据，由多个"元胞"的数据构成的。元胞数组的创建使得不同类型和大小的数据引用和处理变得简单方便。

由于元胞数组的特殊性，对元胞数组的建立和寻访要分清元胞和元胞的数据，通过小括号（）访问元胞数组时访问到的是元胞，通过大括号 {} 访问元胞数组时访问到的是元胞保存的数据。

（1）元胞数组的创建

创建方法有 3 种：利用函数 cell（）、直接赋值法、利用 {} 直接创建元胞数组的所有单元。

下面程序可创建 3 个不同变量，但保存数据相同的元胞数组。

```
A = cell(1,2);                              % 创建空的 1×2 元胞数组
A{1,1} = 'this is a cell_array';            % 直接赋值给元胞的数据,创建一个
                                              元胞
A{1,2} = [1,2,3,4,5,6];
B(1,1) = {'this is acell_array'};           % 直接赋值给元胞,创建一个元胞
B(1,2) = {[1,2,3,4,5,6]};
C = {['this is acell_array'],[1,2,3,4,5,6]};
                                            % 利用{}创建所需的数组
class(C)                                    % 显示数组的类型
celldisp(A)                                 % 寻访元胞数组中所有的内容并
                                              显示
```

运行上述程序，得到的结果如下：

```
ans =
cell
A{1} =
this is a cell_array
A{2} =
        1   2   3   4   5   6
```

（2）元胞数组的寻访

元胞数组的寻访有以下两种形式：

（1）用（ ）将下标括起来寻访其元胞的结构类型。

（2）用〔 〕将下标括起来寻访其元胞的数据。

继续使用上面创建的元胞数组，元胞数组的数据操作如以下程序所示：

```
S1 = A(1,2)              ％寻访元胞(1,2)的结构并显示
S2 = A{1,2}              ％寻访元胞{1,2}的所有数据并显示
S3 = A{1,2}(1,4)         ％寻访元胞{1,2}的子数组(1,4)中的数据并显示
A{1,4} ='this is a add'; ％扩展元胞数组
celldisp(A)             ％寻访元胞数组中所有的内容并显示
```

运行上述程序，得到的结果如下：

```
S1 =
        [1x6 double]
S2 =
        1   2   3   4   5   6
S3 =
        4
A{1} =
this is a cell_array
A{2} =
        1   2   3   4   5   6
A{3} =
        []
A{4} =
this is a add
```

2.3.4　结　构　数　组

结构数组（struct）也称架构数组，结构数组与元胞数组类似，都可以存放不同类型的数据。结构是结构数组的基本单元，例如 A 为（3×3）结构数组，A（3，2）表示其中的第 8 个结构。一个结构可以由域组成，数据只能保存在域中。结构中的一个域可以保存与另外一个域完全不同类型和大小的数据，通过域名来对域中的数据进行访问。

【例 2-23】 现有 2 名学生,分属 2 个班级,以结构数组来保存学生的学习数据。

创建结构数组 student,包括 4 个域 name、class、results 和 number,通过 "." 运算符,直接赋值给域名。

结构数组的建立和访问演示程序如下:

```
student(1).name ='Jason';              % 数据类型:字符串
student(1).class ='class 2';           % 数据类型:字符串
student(1).results = {'English','Maths';85,90};   % 数据类型:元胞数组
student(1).number = 20200101;          % 数据类型:数值
student(2).name ='Jason';
student(2).class ='class 1';
student(2).results = {'English','Maths';95,98};
student(2).number = 2020202;
student                                % 显示结构数组的结构
student(1).name                        % 显示 1 班学生姓名
student(1).results                     % 显示 1 班学生成绩
```

运行上述程序,得到的结果如下:

```
student =
1 × 2 struct array with fields:
     name
     class
     results
     number
ans =
Jason
ans =
    'English'    'Maths'
    [  85]       [  90]
```

2.4　MATLAB 的数据可视化

数据和函数的可视化是 MATLAB 的重要组成部分。MATLAB 具有丰富且易于理解和使用的绘图函数,使得数据和函数的可视化易于实现。

2.4.1　二维曲线绘图

二维绘图是 MATLAB 图形处理的基础,也是数值计算中广泛使用的方式之一。

(1) 基本的绘图函数 plot ()

MATLAB 中基本的二维绘图函数为 plot $(x, y, 'option')$,根据函数的不同输入参

数，常用的几种调用格式如表 2-12 所示。

表 2-12 绘图函数 plot（）调用格式

函数	功能说明
plot（y）	默认以向量或数组元素的下标为横坐标
plot（$x,y,$'option'）	以 x 元素为横坐标值，y 元素为纵坐标值绘制曲线
plot（$x,y1,$'option1'，$x,y2,$'option2'，…）	以公共的 x 元素为横坐标值，以 $y1,y2,$… 元素为纵坐标值绘制多条曲线
plot（$x1,y1,$'option1'，$x2,y2,$'option2'，…）	以各自 $x1,x2,$… 的元素为横坐标值，以 $y1,y2,$… 元素为纵坐标值绘制多条曲线

当 x、y 是同维数组时，以 x、y 对应列元素为横、纵坐标分别绘制曲线，曲线条数等于数组列数。

函数中'option'用来设置曲线属性的选项。曲线属性有 3 个选项：颜色、线型和数据点型。表 2-13 列出了'option'选项的属性。

所绘曲线由选取的线型符号、颜色符号和标记符号确定，所选取的符号用单引号括起来，顺序可以任意，所选取的符号既可单独使用，也可组合使用。当'option'缺省时，MATLAB 将按系统默认格式绘制曲线。

表 2-13 option 选项的属性

线型符号	线型	颜色符号	颜色	标记符号	点型
—	实线（默认）	y	黄	.	实心黑点
:	点线	m	品	。	空心圆符
— ·	点画线	c	青	×	叉号
— —	虚线	r	红	＋	加号
		g	绿	*	星号
		b	蓝	d	菱形符
		w	白	h	六角星符
		k	黑	p	五角星符
				s	方块符
				ˆ	朝上三角符
				ˇ	朝下三角符
				＞	朝右三角符
				＜	朝左三角符

【例 2-24】已知 $y = \sin(t)\sin(9t)$，在 $x=$（$0\sim2\pi$）范围，用不同的线型和颜色在同一坐标内绘制曲线、包络线和横轴上数据点。

```
t = (0:pi/100:2 * pi)';          % 建立(201×1)的时间采样列向量
y1 = sin(t) * [1,-1];            % 建立(201×2)的矩阵,包络线
y2 = sin(t).*sin(9 * t);         % 建立(201×1)的调制波列向量
t3 = 2 * pi * (0:9)/9;           % 建立(1×19)数据标志点采样列向量
y3 = sin(t3).*sin(9 * t3);       % 建立(1×19)数据标志点数据
plot(t,y1,'b--',t,y2,'r',t3,y3,'mh')
                                 % 用蓝虚线绘 y1,用红实线绘 y2,
                                 % 用六角星符对 y3 进行标记
axis([0,2 * pi,-1.2,1.2])        % 设定 X、Y 轴的坐标范围
```

程序运行结果如图 2-4 所示。

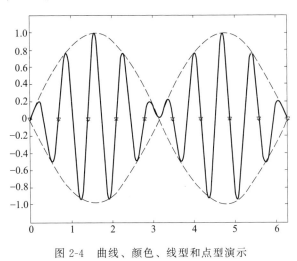

图 2-4　曲线、颜色、线型和点型演示

【例 2-25】利用 Pascal 矩阵，产生数组绘图演示程序如下。Pascal 矩阵的第一行元素和第一列元素都为 1，其余位置处的元素是该元素的左边元素与上边元素相加而得。

```
A = pascal(5)              % 产生 5 阶 Pascal 矩阵
plot (A)                   % 用数组 A 元素按列绘图
axis ([1, 5 ,-5,70])       % 设定 X、Y 轴的坐标范围
```

程序运行后，在命令窗口建立的 Pascal 矩阵 A 如下所示，绘图的结果如图 2-5 所示，矩阵 A 有 5 列，绘制了 5 条曲线。

```
A =
     1    1    1    1    1
     1    2    3    4    5
     1    3    6   10   15
     1    4   10   20   35
     1    5   15   35   70
```

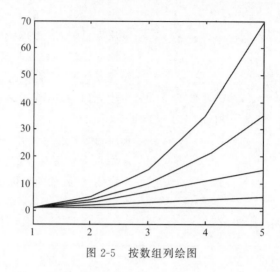

图 2-5　按数组列绘图

（2）图形控制

在一般绘图时可采用 MATLAB 的默认设置，但也可根据需要改变默认设置。

① 坐标控制。坐标控制用于确定各坐标轴的坐标范围以及刻度的取法，常用的坐标控制命令如表 2-14 所示。

表 2-14　　　　　　　　　　常用的坐标控制命令

命令	含义	命令	含义
axis auto	默认设置	axis equal	纵、横轴为等长刻度
axis ij	矩阵式坐标	axis normal	默认矩形坐标系
axis xy	普通直角坐标	axis square	正方形坐标系
axis(V) $V=[x1,x2,y1,y2]$ $V=[x1,x2,y1,y2,z1,z2]$	人工设定坐标范围。设定值：二维，4 个；三维，6 个	axis tight	正方形坐标系，坐标范围为数据范围
axis fill	使坐标填满整个绘图区	axis image	纵、横轴为等长刻度，且坐标框紧贴数据范围

图 2-6 为用不同的轴控命令绘制同一个圆所得到的效果。

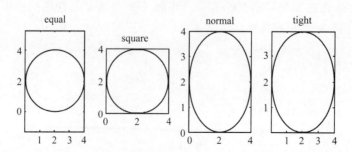

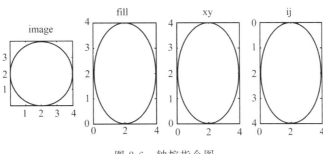

图 2-6　轴控指令图

② 网格线和坐标框。一般为了更好地观察图形数据，通常使用 grid 函数画出图中的网格线和使用 box 函数来控制坐标的边框线。二者的调用格式如表 2-15 所示。

表 2-15　　　　　　　　　　　　grid、box 函数调用格式

函数	功能说明
grid on	画出网格线
grid off	不画网格线，默认形式
box on	使当前坐标呈封闭形式，默认形式
box off	使当前坐标呈开启形式

③ 图形标识。图形标识是对坐标轴和图形进行标注，便于理解图形内容。常用的图形标识函数调用格式如表 2-16 所示。

表 2-16　　　　　　　　　　　　图形标识函数的调用格式

函数	功能说明
title（s）	书写图名
xlable（s）	横坐标轴名
ylable（s）	纵坐标轴名
text（x，y，s，）	在 (x,y) 处写字符注释
legend（s1，s2，…）	在图右上角建立图例

它们调用的形式基本相同，其中 s、s1、s2 等为带单引号的英文或中文字符串，这是较为简洁的调用格式。

【例 2-26】图形标识演示程序如下：

```
t = 0:0.01:pi;                    %定义自变量采样点取值数组
B = [1,3]';w = [2,5]';
y = sin(w * t). * exp( - B * t);  %计算各自变量采样点上的函数值
plot(t,y(1,:),' - .',t,y(2,:))    %用不同线型绘曲线
```

```
grid on                              % 画出网格线
legend('w = 2,B = 1','w = 5,B = 3')   % 建立图例以区别两条曲线
xlabel('t'),ylabel('y')              % 建立坐标轴名
title('y = sin(wt) * exp( - Bt)')     % 建立图名
```

程序运行结果如图 2-7 所示。

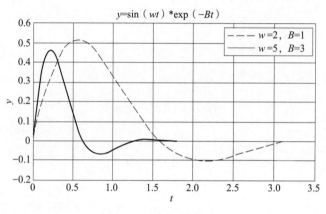

图 2-7　图形标识演示

上图对相关标注还不够完善。若需标注更加完善，如在图形指定位置显示各种字符，公式中的上下标、各种符号。或者对字体大小、风格进行控制等；可以使用 MATLAB 的字符转换功能获得相应的特殊符号。常用的转换见表 2-17～表 2-20，具体的使用可参考【例 2-27】。

表 2-17　　　　　　　　　　　　　　　　图形标识用的希腊字母

命令	字符	命令	字符	命令	字符	命令	字符
\alpha	α	\omega	ω	\eta	η	\lambda	λ
\beta	β	\Omega	Ω	\theta	θ	\Lambda	Λ
\xi	ξ	\gamma	γ	\Theta	Θ	\sigma	σ
\delta	δ	\Gamma	Γ	\zeta	ζ	\Sigma	Σ
\Delta	Δ	\epsilon	ε	\rho	ρ	\tau	τ
\pi	π	\Pi	Π	\phi	φ	\Phi	Φ
\mu	μ	\psi	ψ	\Psi	Ψ	\Nu	ν

表 2-18　　　　　　　　　　　　　　　图形标识用的其他特殊字符

命令	字符	命令	字符	命令	字符	命令	字符
\approx	≈	\pm	±	\geq	≥	\uparrow	↑
\div	÷			\leq	≤	\leftarrow	←
\times	×			\neq	≠	\leftrightarrow	↔

表 2-19　　　　　　　　　　　　　　　　　上下标控制命令

命令	含义	arg 取值
^{ arg }	上标	任何合法字符
_{arg}	下标	

表 2-20　　　　　　　　　　　　　　　　　字体控制命令

命令	含义	arg 取值
\fontname{ arg }	字体名称	Arial;Courier;roman;宋体;黑体……
\fontsize{ arg }	字体大小	正整数(默认值为 10)
\arg	字体风格	Bf(黑体),it(斜体),rm (正体)(默认为正体)

注意：凡 Windows 字库中有的字体，都可以调用。

【例 2-27】精细的图形标识命令演示程序如下：

```
t = 0:0.01:pi;                                  %定义自变量采样点取值数组
B = [1,3]';w = [2,5]';
y = sin(w * t). * exp( - B * t);                %计算各自变量采样点上的函数值
plot(t,y(1,:),'- .',t,y(2,:))                   %用不同线型绘曲线
legend('\it\omega = 2,\it\alpha = 1','\it\omega = 5,\it\alpha = 3')
                                                %建立图例以区别两条曲线
xlabel('\fontsize{ 14 }\bft')                   %建立 x 轴名(14 号黑体)
ylabel('\fontsize{ 14 }\bfy')                   %建立 y 轴名(14 号黑体)
title('\rmy = sin(\omegat)e^{ - \alphat}')      %建立图名(上标和希腊字母)
text(pi/4,sin(2 * pi/4) * exp( - pi/4),'\leftarrowy = sin(2t)e^{ - t}')
text(pi/6,sin(5 * pi/6) * exp( - 3 * pi/6),'\leftarrowy = sin(5t)e^{ - 3t}')
                                                %用函数标识区别曲线
axis([0,pi, - 0.2,0.6])
```

程序运行结果如图 2-8 所示。

比较图 2-7 与图 2-8 可以看出：使用特殊符号相应的字符转换功能，使图形标识更加完善。

④ 双纵坐标图。把同一个自变量的两个不同量纲、不同数量级的函数绘制在同一张图上，即为双纵坐标图。

plotyy（ ）函数用于绘制双纵坐标图，简单的格式如下：plotyy（$X1$，$Y1$，$X2$，$Y2$），在左 y 轴绘制（$X1$，$Y1$）；在右 y 轴绘制（$X2$，$Y2$）。轴的范围、刻度自动产生。

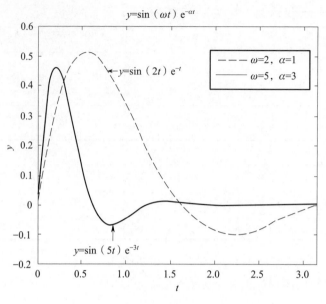

图 2-8　精细图形标识演示

【例 2-28】 已知系统的单位阶跃响应 $y_1 = 1 - \mathrm{e}^{-\xi\omega_n t} \cdot \dfrac{1}{\sqrt{1-\xi^2}}\sin(\omega_d t + \arctan\dfrac{\sqrt{1-\xi^2}}{\xi})$

和单位脉冲响应 $y_2 = \dfrac{\omega_n}{\sqrt{1-\xi^2}}\mathrm{e}^{-\xi\omega_n t}\sin\omega_d t$ ，其中 $\omega_d = \omega_n\sqrt{1-\xi^2}$ ，$\omega_n = 5\mathrm{rad/s}$，$\xi = 0.5$。

用双纵坐标图画出这两个函数在区间 [0，3] 上的曲线。

编写的程序如下。程序运行后，曲线绘制如图 2-9 所示。

```
t = 0:0.02:3;                                          %定义自变量取值范围
xi = 0.5;wn = 5;
sxi = sqrt(1 - xi^2);
sita = atan(sxi/ xi);
wd = wn * sxi;
y1 = 1 - exp( - xi * wn * t). * sin(wd * t + sita)/sxi;
                                                       %计算单位阶跃响应
y2 = wn * exp( - xi * wn * t). * sin(wd * t)/sxi;
                                                       %计算单位脉冲响应
plotyy(t,y1,t,y2)
text(2,0.3,'\fontsize{14}\fontname{楷体}单位脉冲响应')
                                                       %在指定位置给出注释
text(2,1.1,'\fontsize{14}\fontname{黑体}单位阶跃响应')
                                                       %在指定位置给出注释
xlabel('\fontsize{14}\bft')                            %建立 x 轴名
```

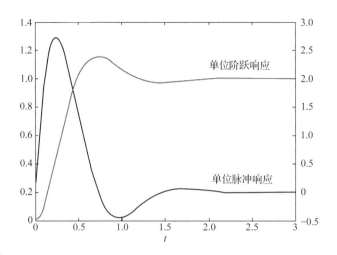

图 2-9　双纵坐标图演示

⑤ 多子图。使用 subplot（）函数，在同一个图形窗口按行、列的分割布局，绘制多个独立的子图。调用格式：

subplot（m，n，k），其中（m，n）表示图形窗口分割成 $m×n$ 个区域，而 k 为表示当前绘制图形区域的编号。

【例 2-29】在一个绘图窗口按 $2×2$ 布局绘制不同曲线。

编写的程序如下：

```
t = 0:pi/ 200:2 * pi;                    %定义自变量取值范围
y1 = sin(t);y2 = cos(t);y3 = sin(3 * t);y4 = cos(3 * t);
                                          %计算函数值
subplot(2,2,1),plot(t,sin(t));    %分为 2×2 共 4 幅子图,左上角为子图一
title(' y = sin(t)');axis([0,2 * pi, - 1,1])
subplot(2,2,2),plot(t,y2);
title(' y = cos(t)');axis([0,2 * pi, - 1,1])
subplot(2,2,3),plot(t,y3);
title(' y = sin(3t)');axis([0,2 * pi, - 1,1])
subplot(2,2,4),plot(t,y4);
title(' y = cos(3t)');axis([0,2 * pi, - 1,1])
```

程序运行后，曲线绘制结果如图 2-10 所示。

⑥ 指定图形窗口。多子图是在同一图形窗口按不同布局绘图。当调用 plot（）函数时 MATLAB 会自动建立一个名为 Figure1 的图形窗口，当第二次使用 plot（）函数时将第一次绘制的图形覆盖。如果需要多个图形窗口同时打开时，可以使用 figure（）函数，figure（n）为该命令的常用形式，MATLAB 自动把这些窗口的名字添加序号（No.1，No.2，…）作以区别，n 可简单理解为图形窗口的顺序。

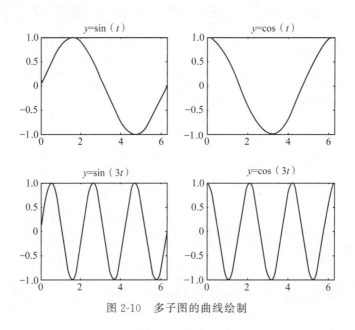

图 2-10　多子图的曲线绘制

⑦ 多次叠绘。在已存在的图上再绘制添加新的绘图内容。命令 hold on 在保持原有图形基础上添加新的绘制图形。命令 hold off 则关闭此功能，擦掉已有的图形，重新绘制图形。

【例 2-30】多次叠绘演示。

编写的程序如下：

```
clf ;                          % 清除当前图形窗口的图形
t = 0:pi/ 200:2 * pi;          % 定义自变量取值范围
plot(t,sin(t),'- .');          % 用虚线画 sin(t)曲线
hold on;                       % 保留 sin(t)曲线
plot(t,cos(t));                % 在同一幅图上用实线继续画 cos(t)曲线
legend('\itsin(t)','\itcos(t)')
axis([0,2 * pi, - 1.1,1.1])
hold off
```

程序运行后，曲线绘制结果如图 2-11 所示。

⑧ 交互式图形命令。这是与鼠标相关的图形操作命令，来实现图形操作，典型的如ginput ( ) 函数。ginput ( ) 函数提供了一个十字光标，以便于能更精确地选择所需要的位置，并返回坐标值。函数调用格式如表 2-21 所示。

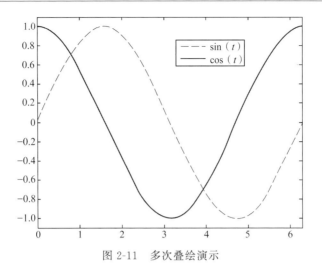

图 2-11　多次叠绘演示

表 2-21　　　　　　　　　　　　　**交互式图形函数的调用格式**

函数	功能说明
$[x,y]=$ ginput(n)	从当前的坐标系中读取 n 个点,返回这 n 个点的 x,y 坐标
$[x,y]=$ ginput	可以无限的读取坐标直到按下回车键
$[x,y,$button$]=$ginput(n)	从当前的坐标系中,返回 x 和 y 的坐标,以及 button 值(1=左键,2=中键,3=右键)或者按键的 ASCII 码值

【例 2-31】 用鼠标获取图形数据的演示。

绘制曲线,人工取点 2 个位置,编写的程序如下:

```
x = ( - 4:1/ 100:4) * pi;          % 定义自变量取值范围
y1 = sin(x);                       % 计算 y1
y2 = 4 * sin(x/ 4);                % 计算 y2
plot(x,y1,'r -',x,y2,'k -');       % 绘图
legend('sin(x)','4sin(x/ 4)');     % 添加图例
grid on;                           % 画出网格线
[x,y] = ginput(2)                  % 鼠标取 2 点数据
```

程序运行后,出现如图 2-12 所示的图形窗口,光标图形呈现十字形,进入取点程序。用鼠标左键选取 2 个点后,光标图形变回原来的箭头,由程序返回。在命令窗口显示出所取 2 个点的坐标值。

```
x =
    - 6. 8088
     2. 6613
y =
    - 0. 4561
     0. 4561
```

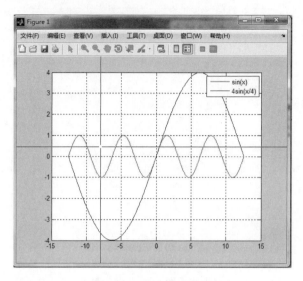

图 2-12　获取图形数据

(3) 特殊图形绘制

除了基本绘图函数以外，MATLAB 还提供了诸如条形图、饼状图、直方图等特殊二维曲线绘图函数，这些函数如表 2-22 所示。

表 2-22　　　　　　　　　　　　　　特殊二维曲线绘制函数

命令	含义	命令	含义
bar ( )	条形图	pie( )	饼状图
barh ( )	水平条形图	hist ( )	直方图
comet ( )	彗星状轨迹图	polar ( )	极坐标图
compass ( )	罗盘图	stairs ( )	阶梯图
errorbar ( )	误差限图形	stem ( )	火柴杆图
fill ( )	填充函数	semilogx ( )	半对数图

【例 2-32】 基本绘图与条形图、直方图、火柴杆图对比演示。

编写的程序如下：

```
clc;                              % 清除命令窗口显示
clear;                            % 清除工作区变量
t = 0:0.4:2 * pi;y = exp( - 0.1 * t). * sin(t) + 1;
                                  % 定义自变量取值范围并计算 y
subplot(1,4,1),plot(t,y);title('plot(t,y)')
subplot(1,4,2),bar(t,y);title('bar(t,y),二维条形图')
subplot(1,4,3),hist( y ); title('hist(y),直方图')
subplot(1,4,4),stem(t,y ); title('stem(t,y),火柴杆图')
```

程序运行后，绘制结果如图 2-13 所示。

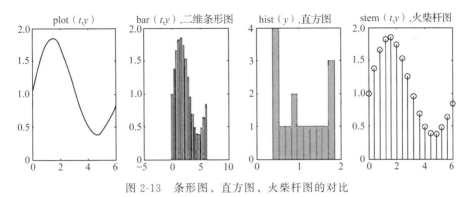

图 2-13　条形图、直方图、火柴杆图的对比

【例 2-33】使用 pie（）函数绘制饼状图演示。

编写的程序如下：

```
y = [10 15 20 30];              % 准备数据
subplot(1,2,1);
pie(a);                         % 画出饼状图,并且自动计算出百分比
subplot(1,2,2);
pie(a,[0,0,0,1]);               % 将第四个饼状图提取出来
```

程序运行后，绘制结果如图 2-14 所示。

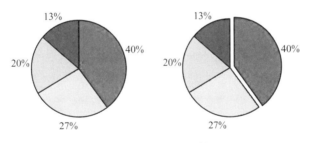

图 2-14　饼状图绘制

【例 2-34】使用 fill（）函数绘制填充六边形图形演示。

编写的程序如下：

```
t = (1:2:11)' * pi/6;           % 外接圆等间隔 pi/ 6
x = sin(t)                      % x 轴坐标表示
y = cos(t)                      % y 轴坐标表示
fill(x,y,'r');                  % 用红色填充画出来的封闭图形
axis square off;                % 不显示 axes
```

程序运行后，绘制结果如图 2-15 所示。

图 2-15　填充图绘制

2.4.2　三维曲线绘图

MATLAB 提供了多个函数用来绘制三维图形。最常用的三维绘图函数是三维曲线绘图 plot3 ()、三维网格绘图 mesh () 和三维曲面绘图 surf ()。

(1) 三维曲线绘图

三维曲线绘图是在 x、y、z 坐标系绘制空间曲线，在绘图时需要提供空间曲线上各点的 3 个坐标数据。plot3 () 函数调用格式如下：

表 2-23　　　　　　　　　　　　plot3 () 函数的调用格式

函数	功能说明
plot3(X,Y,Z,'option')	当 X、Y、Z 为同维向量时,绘制以 X、Y、Z 元素为 x、y、z 坐标的三维曲线
	当 X、Y、Z 为同维矩阵时,以 X、Y、Z 对应列元素为 x、y、z 坐标分别绘制曲线,曲线条数等于矩阵列数
	option 的意义与二维情况完全相同,也可以默认不写

【例 2-35】 三维曲线绘图演示。

编写的程序如下：

```
t = (0:0.02:2) * pi;                %定义自变量取值范围
x = sin(t);y = cos(t);z = cos(2 * t);    %产生三维空间数据
plot3(x,y,z,'b-',x,y,z,'bd')        %三维曲线绘图(蓝实线和蓝菱形)
box on                              %坐标呈封闭形式
legend ('链','宝石')                 %在右上角建立图例
```

程序运行后，绘制结果如图 2-16 所示。

(2) 三维网格绘图和曲面绘图

三维网格绘图和曲面绘图相比三维曲线绘图则比较复杂，MATLAB 用 $x-y$ 平面上的 z 坐标来定义一个网格面或着色的曲面。画函数 $z = f(x, y)$，所代表的三维空间曲面过程是：构造 $x-y$ 平面上自变量 x、y 的取值范围内的点对 (x, y)，计算点对 (x, y) 对应的 z 值，然后调用三维绘图命令。构造点对 (x, y) 可使用函数 meshgrid (x, y)，也可以自行准备。

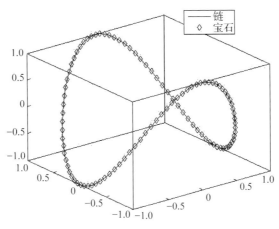

图 2-16　三维曲线绘图演示

三维曲面绘制中，常用的 3 个函数及其功能说明如表 2-24 所示。

表 2-24　　　　　　　　　　三维网格绘图、曲面绘图函数的调用格式

函数	功能说明
$[X,Y]=\mathrm{meshgrid}(x,y)$	由自变量 x 和 y 的各自的数据点构成的 $x-y$ 平面上的网格点，配对形成 $[X,Y]$ 数组
$\mathrm{mesh}(X,Y,Z)$	画网线图，通过直线连接相邻的点构成三维曲面
$\mathrm{surf}(X,Y,Z)$	画曲面图，通过小平面连接相邻的点构成三维曲面

【例 2-36】 曲面图与网线图演示。

编写的程序如下：

```
x = - 4:4;y = x;                    %x - y 平面上自变量的取值范围
[X,Y] = meshgrid(x,y);             % 利用命令构建点对数组
Z = X.^2 + Y.^2;                   % 计算点对数组上的 Z 函数值
subplot(1,2,1),surf(X,Y,Z);        % 绘曲面图
subplot(1,2,2),mesh(X,Y,Z);        % 绘网格图
```

程序运行后，绘制结果如图 2-17 所示。

对三维网格图和曲面图更进一步的图形处理方法，如图形的透视、视点控制、透明控制、着色平滑处理、色彩控制等可参看有关 MATLAB 的书籍。

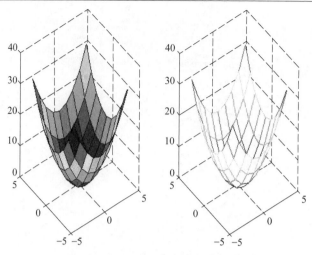

图 2-17 曲面绘图与网格绘图演示

2.4.3 图形窗口功能简介

MATLAB 运行绘图函数后，将出现一个图形窗口。在前面已介绍过命令窗口、工作区窗口、命令历史窗口、文本编辑窗口，本小节介绍图形窗口。当 MATLAB 中没有图形窗口时，将新建一个图形窗口作为输出窗口；当 MATLAB 中已经存在一个或多个图形窗口时，MATLAB 一般指定最后一个图形窗口作为当前图形命令的输出窗口。

图形窗口除了显示图形功能外，其本身就是一个功能强大的图形可视编辑工具。

在命令窗口运行以下语句：

```
x = 0:pi/20:3 * pi;              %定义自变量取值范围
y = cos(x);                      %产生输出数值
plot(x,y,'b - o');               %用蓝色实线和空心圆符号绘图
axis([0,3 * pi, - 1.1,1.1]);     %确定坐标轴范围
```

得到如图 2-18 所示的图形窗口。利用窗口中的菜单和工具栏命令对图形交互式编辑和图形窗口的属性进行各种设置。

单击【查看】菜单，如图 2-19 所示，出现可以勾选的各种工具栏的下拉菜单，【查看】菜单默认勾选【图形工具栏】选项。各选项的功能如下：

①【图形工具栏】主要用于对图形进行各种处理。如图形编辑、图形放大缩小、图形平移、三维旋转、取点、选择数据、链接绘图、插入颜色栏、插入图例等。

②【照相工具栏】主要用于设置图形的视角和光照等。

③【绘图编辑工具栏】主要用于向图形中添加文本标注和各种标注图形等。

④【绘图浏览器】用于浏览当前图形窗口中的所有图像对象。

⑤【属性编辑器】用于设置线段的类型、颜色、粗细等。

下面利用菜单【插入】的选项，如图 2-20 所示，对图 2-18 所示图形进行标注设置，添加 X 标签、Y 标签、标题、图例操作后，得到的图形如图 2-21 所示。

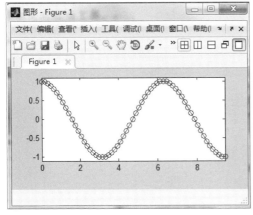

图 2-18　图形窗口界面

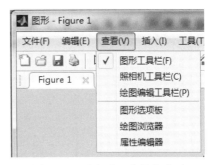

图 2-19　"查看"菜单的选项

图 2-20　菜单"插入"选项

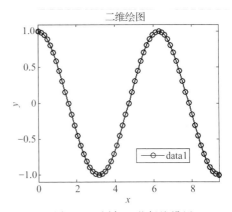

图 2-21　添加一些标注设置

另外，对已存在的曲线，也可以使用相应的属性编辑器进行编辑。先单击【图形编辑】按钮 ，默认选中图形背景，在图形四周出现黑色方块。然后用鼠标左键在不同的对象上双击，进入不同的属性编辑器，如图 2-22 所示的坐标轴的属性编辑器或如图 2-23 所示的曲线的属性编辑器。属性设置结束后，再单击一次【图形编辑】按钮 退出编辑状态。

在图 2-22 所示的坐标轴属性编辑器中，勾选 x、y 网格、图框，向图中添加网格线和图框。也可以添加坐标轴的刻度范围、绘图区背景色、坐标轴颜色以及字体、字号等。

在图 2-23 所示的曲线属性编辑器中，设置曲线宽度 2.0、红色曲线、取消标记。单击"更多属性"按钮，将出现更加详细的属性窗口。

最后说明：这些菜单和工具栏可以试着应用，熟练以后，就可以完成大部分的图形处理工作。

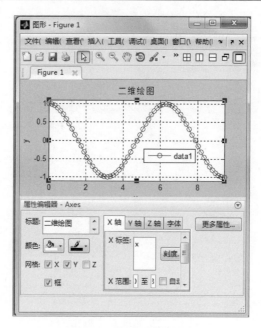

图 2-22　编辑坐标轴属性

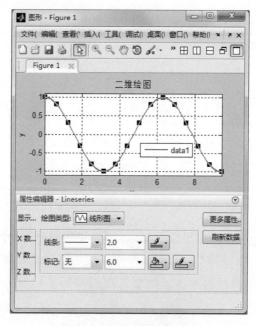

图 2-23　编辑曲线属性

2.5　MATLAB 程序控制

MATLAB 提供了 for、while、if、switch 和 try 语句来控制程序流程的运行顺序，这些语句和其他高级语言使用很相似。这里结合 MATLAB 的特点，简单说明一下语句结构及其用法。

2.5.1　循 环 结 构

循环是指按照给定的条件，重复运行指定的语句，MATLAB 提供了两种实现循环结构的语句：for 语句和 while 语句。

（1）for 循环结构

for 语句的一般格式为：

for 循环变量 ＝表达式 1：表达式 2：表达式 3

　　循环体语句组

end

表达式 1 为循环变量的初始值，表达式 2 为循环变量的增量，表达式 3 为循环变量的终值。循环体运行的次数由 for 后的循环变量决定，循环的次数是可以预知的。

【例 2-37】用 for 语句绘制正弦曲线。MATLAB 编程如下：

```
clf;
dt = pi/30;                 % 步长
n = 1 + 2 * pi/dt;          % 采样点数
for i = 1:n                 % 使用冒号建立法对循环变量赋值,增量省略时默认为 1
t(i) = (i - 1) * dt;        % 时间点
y(i) = sin(3 * t(i));       % 输出值
end
plot(t,y),axis([0,2 * pi, - 1,1]);
xlabel('t'),ylabel('y');
```

运行上述程序，所绘制的曲线如图 2-24 所示。

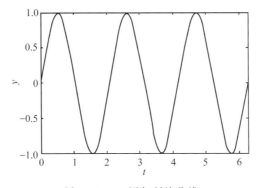

图 2-24　for 语句所绘曲线

【例 2-38】采用一维数组给循环变量赋值，演示程序如下：

```
A = rand(1,4);             % 随机建立 0～1 之间的数
for i = A                   % 用数组对循环变量赋值
```

```
        i                         % 依次取出数组元素
  end
```

运行以上程序,命令窗口显示结果为:

```
i =

    0.8147

i =

    0.9058

i =

    0.1270

i =

    0.9134
```

注意:用二维数组给循环变量赋值,依次取出数组中的每一列元素给循环变量赋值。

(2)while 循环结构

while 语句的一般格式为:

while 条件

　　　循环体语句组

end

若条件成立,则运行循环体语句组,运行后再判断条件是否成立,如果不成立则跳出循环。

当条件为数组时,只有当该数组所有元素均为真时,才会运行循环体。如果条件为空数组,则 MATLAB 认为表达式为假,不运行循环体。当循环的次数为不可以预知时,可以使用该循环结构。

【例 2-39】 一数组的元素满足规则:$a_{k+2} = a_k + a_{k+1}$, $(k=1,2,\cdots)$,且 $a_1 = a_2 = 1$。求该数组中第一个大于 10000 的元素。

```
  a(1) = 1;a(2) = 1;i = 2;           % 赋初值
  while   a(i) < = 10000             % 小于 10000,继续判断
  a(i + 1)   = a(i - 1) + a(i);      % 迭代求和
  i = i + 1;                         % 保存数组元素的当前位置
  end;
  i,a(i)   % 输出显示数组元素第一个大于 10000 的位置及累加的和
```

运行以上程序,命令窗口显示结果为:

```
i =

    21

ans =

    10946
```

【**例 2-40**】从键盘输入若干个数，当输入 0 时结束输入，求这些数的平均值及它们的和。

```
sum = 0;                                    % 定义求和的变量
n = 0;                                      % 定义输入次数的变量
x = input('Entera number(end in 0):');      % 键盘输入初始数据
while(x ~ = 0)                              % 若输入不为 0,继续输入
  sum = sum + x;                           % 累加输入的数据
  n = n + 1;                               % 累加输入的次数
  x = input('Enter a number(end in 0):');   % 键盘继续输入数据
end
if(n > 0)                                  % 若有键盘输入数据
  sum                                      % 输出显示输入数据的和
  mean = sum/n                             % 输出显示输入数据的平均值
end
```

程序运行后，在出现提示语 "Enter a number（end in 0）:" 时，输入任意数字后按回车键，程序继续循环运行，直到输入数字 0 后，按回车键结束输入操作。

Enter a number（end in 0）: 3

Enter a number（end in 0）: 5

Enter a number（end in 0）: 7

Enter a number（end in 0）: 8

Enter a number（end in 0）: 0

程序结束后，输出的结果如下：

sum =

    23

mean =

    5. 7500

2.5.2　选 择 结 构

选择结构是根据给定的条件成立或不成立情况，分别运行不同的语句。MATLAB 用于实现选择结构的语句有 3 种：if 语句、switch 语句和 try 语句。

（1）if 语句

在 MATLAB 中，if 语句有 3 种格式。

① 单分支结构

if 条件

　语句组

end

若条件为真，则运行语句组，否则结束 if 条件选择结构，继续运行下一行语句。

【例 2-41】 创建随机数组，找出数组中最大的元素。

编写的程序如下：

```
a = rand(8,10);              % 创建 8×10 随机数组
A = a(1,1);                  % 取随机数组的第一个数
for m = 1：1：8               % 遍历数组的列
  for n = 1：10              % 遍历数组的行
      if a(m,n)＞A；          % 遍历数组的元素
          A = a(m,n);        % 暂存当前最大数
      end
  end
end
disp('数组中最大的元素是：')   % 输出提示
A
```

运行以上程序，命令窗口会显示当前随机数组元素中的最大值。

② 双分支结构

if 条件

  语句组 1

else

  语句组 2

end

若条件为真，则运行语句组 1，否则运行语句组 2；然后结束 if 条件选择结构，继续运行下一行语句。

【例 2-42】 计算分段函数值 $y = \begin{cases} \cos(x+1) + \sqrt{x^2+1} & x = 10 \\ x\sqrt{x+\sqrt{x}} & x \neq 10 \end{cases}$

编写的程序如下：

```
x = input('请输入 x 的值：x = ');
  if x = = 10
    y = cos(x + 1) + sqrt(x * x + 1);
  else
    y = x * sqrt(x + sqrt(x));
  end
y
```

运行以上程序，命令窗口显示结果为：

请输入 x 的值：x = 6

y =

　　17.4408

③ 多分支结构

if 条件 1

　　　语句组 1

elseif　条件 2

　　　　语句组 2

　……

　　else

　　　　语句组 n

end

　　若条件 1 为真，则运行语句组 1；否则判断条件 2 的真假。若条件 2 为真，则运行语句组 2；以此类推，最后运行语句组 n；然后结束 if 条件选择结构，继续运行下一行语句。else 分支可以选择使用或不用，注意区别。

　　多分支结构常被结构清晰的 switch-case 结构所取代。

（2）switch-case 结构

　　switch 语句也称为开关语句，根据表达式的取值不同，分别运行不同的语句组，其语句格式如下：

```
switch 表达式                %表达式为标量或字符串
    case 表达式 1            %当表达式的值等于表达式 1 的值时，
        语句组 1            %运行语句组 1，然后跳出该结构。
    case 表达式 2            %当表达式的值等于表达式 2 的值时，
        语句组 2            %运行语句组 2，然后跳出该结构。
    ……
    case 表达式 m            %当表达式的值等于表达式 m 的值时，
        语句组 m            %运行语句组 m，然后跳出该结构。
    otherwise               %当表达式不等于前面所有检测值时，运行该组命令。
        语句组 n            %运行该语句组 n。
end
```

　　【例 2-43】 根据选择绘制二维或三维饼状图，要求利用 switch-case 结构实现。

　　编写的程序如下：

```
x = [12 54 30];                        %定义变量并赋值
disp('请选择二维或三维绘制饼状图。');    %显示提示
n = input('请选择 2 或 3:');            %键盘输入 2 维或 3 维选择
switch n                               %根据 n 的值，选择不同的绘图
    case 2                             %n = 2
        pie(x)                         %绘制 2 维饼图
        title('二维饼状图')
```

```
    case 3                              % n = 3
       pie3(x)                          % 绘制 3 维饼图
       title('三维饼状图')
    otherwise                           % n = 其他值
       warning('无效的选择。')
    end
```

运行上述程序，输入 3，按回车键，结果如图 2-25 所示。

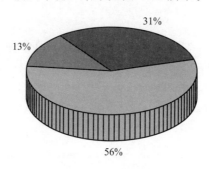

图 2-25 三维饼状图

【例 2-44】用 switch-case 结构实现：根据输入的字符串绘制正弦或余弦曲线。

```
data = input('<请输入代表函数的字符串:>','s');
switch data
    case'sin'                          % data = sin
      t = 0:pi/30:2 * pi;
      y = sin(5 * t);
      plot(t,y,'r')                    % 用红色线绘
    case'cos'                          % data = cos
      t = 0:pi/30:2 * pi;
      y = cos(5 * t);
      plot(t,y,'b')                    % 用蓝色线绘
    otherwise                          % 其他字符串
      disp('无效的输入！')
    end
```

(3) try-catch 结构

```
try
     语句组 1
catch
     语句组 2
```

end

try-catch 结构只提供两个可供选择的语句组。首先运行语句组 1，只有当运行语句组 1 出现错误后，语句组 2 才会被运行。当运行语句组 1 发生错误时，可以调用 lasterr 函数查询出错的原因。如果函数 lasterr 的运行结果为空字符串，则表示语句组 1 被成功运行了。如果运行语句组 2 又出错，则终止该结构。

【例 2-45】try-catch 结构演示。

编写的程序如下：

```
clear;N = 4;
A = magic(3);                  %设置 3×3 矩阵 A
try
    B = A(N,:)                 %取 A 的第 N 行元素
catch
    C = A(end,:)               %如果取 A(N,:)出错,改取 A 的最后一行
end
lasterr                        %显示出错原因
```

命令窗口显示的程序运行的结果为：
C =

　　　4　　9　　2

ans =
试图访问 A（4,:）；由于 size（A）= ［3，3］，索引超出范围。

2.5.3　控制程序流程的其他常用命令

表 2-25 所示的程序流程控制命令常与其他程序结构（包括顺序结构）命令配合使用，以增加编程的灵活性。

表 2-25　　　　　　　　　　　　控制程序流程的其他常用命令

命令	含义
break	终止当前循环语句
continue	与 for 或 while 循环配合使用,以结束本次循环直接进入下一个循环
error（'message'）	显示出错信息,终止程序
keybord	当遇到该命令时,控制权交给键盘,用户可从键盘输入 MATLAB 命令;输入 return 后,控制权交还给程序
lasterr	显示最新出错原因,并终止程序
lastwarn	显示 MATLAB 自动给出的最新警告,程序继续运行
pause pause(n)	程序暂停运行,待用户按任意键继续; 使程序暂停 n 秒后再继续运行
return	终止本次函数的调用

【例 2-46】 求 [100，200] 之间第一个能被 21 整除的整数。

程序如下：

```
for n = 100:200              % 循环变量赋值
if rem(n,21)～ = 0;          % 计算 n 除以 21 后的余数
continue                     % 余数不为零,直接进入下一循环
end
break                        % 终止循环
end
n                            % 输出找到的整数
```

程序输出结果为：

```
n =
   105
```

2.6 M 文 件

包含 MATLAB 命令的文件称为 M 文件，它分为 M 脚本文件和 M 函数文件，它们具有相同的扩展名 ".m"。

2.6.1 M 脚本文件概述

对于简单的命令，可以直接在命令窗口输入，但随着命令行的增加或者命令本身复杂度的增加，再使用命令行就显得有些不方便了，这时就需要应用脚本文件。M 脚本文件是 M 文件的简单类型，没有输入输出参数，只是一些函数和命令的组合。

M 脚本文件可以在命令窗口直接运行，M 脚本文件运行后，所产生的变量都保存在基本工作区（base workspace）中，这些变量在程序运行结束后仍然可以使用，除非用户用 clear 命令清除或关闭 MATLAB。M 脚本文件的运行过程与在命令窗口直接输入命令的效果是一样的，但效率更高。

创建脚本有两种方法，一种方法是在命令行中直接输入：edit filename，然后就会创建并打开一个文件名为 filename 的脚本文件，在脚本文件中输入相关语句点击保存即可；另一种方法是：在 MATLAB【主页】点击【新建脚本】或【新建】→【脚本】（如图 2-26 所示），就会打开文本编辑器（如图 2-27 所示），建立一个脚本文件，脚本文件的文件名默认为 Untitled。将【例 2-46】的程序输入后，如图 2-28 所示，在保存的时候修改文件名为 my1。

在命令窗口输入 my1 后，就会得到与【例 2-46】逐条输入命令一样的结果。可见使用脚本文件极大地提高了程序运行的效率。

图 2-26　主页上新建脚本
文件的图标

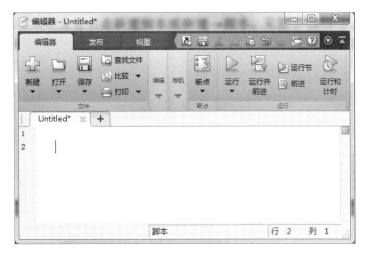

图 2-27　首次打开的脚本编辑器

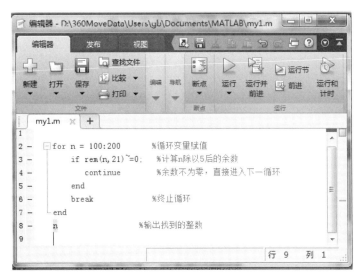

图 2-28　已命名的脚本文件

2.6.2　M 函数文件概述

M 文件除用于编写程序之外，还可以用来定义函数。函数是 MATLAB 语言中最重要的组成部分，MATLAB 主体和各个工具箱本身就是一个庞大的函数库。

M 函数文件的定义以 function 开始，end 结束，这是区别于脚本文件的地方。外界通过提供输入参量，而得到函数文件的输出结果。

M 函数文件运行后，MATLAB 就会专门为它开辟一个临时工作区（context workspace），也称为函数工作区（function workspace）。函数工作区相对基本工作区是独立的、临时的。

M 函数文件运行中产生的所有中间变量都存放在函数工作区中。当运行完文件最后一条命令时，或遇到 return，就结束该 M 函数文件的运行，同时该临时函数区及其所有的中间变量就立即被清除。这也是区别于脚本文件的。

假如在 M 函数文件中，发生对某脚本文件的调用，那么该脚本文件运行产生的所有变量都存放于 M 函数区中，而不是存放在基本工作区。

创建 M 函数有两种方法，一种是在 MATLAB【主页】→【新建】→【函数】（如图 2-26 所示），就会打开 M 函数文本编辑器（图 2-29）。编辑器内部已建立一个 function 结构，可以按照实际的输入输出参数、函数名修改。编辑完成后，在保存的时候最好修改文件名为函数名。

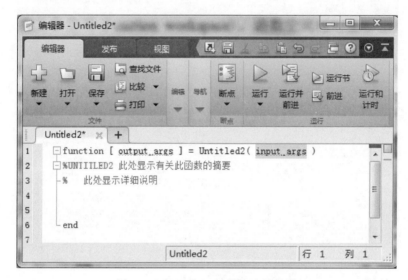

图 2-29　打开的 M 函数文本编辑器

另一种是在 MATLAB【主页】→【新建脚本】（如图 2-26 所示），在打开的脚本文本编辑器中，自行输入 function 结构，包括输入输出参数、函数名，如图 2-30 所示。

M 函数文件一般由以下几个主要部分组成：函数定义行、H1 行、在线帮助文本、函数体、注释等，参考图 2-31 所示的 M 函数文件内容。

① 函数定义行。位于 M 函数文件第一行，用关键字 function 开头，在此行建立函数的名字、函数的输入和输出参数。在保存文件时，保存文

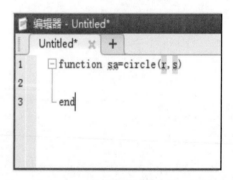

图 2-30　文本编辑器编辑 M 函数

件名与函数文件名一致。当保存文件名与函数文件名不一致时，MATLAB 将忽略函数文件名，而以保存文件名为准。

如果函数有多个输入、输出参数，则参数之间用逗号隔开，多个输出参数放入方括号内，如果函数没有输出或没有输入，则可以不写相应的参数。

② H1 行。紧跟在函数定义行之后以"％"开头的第一注释行。按 MATLAB 自身文件规则，H1 包括大写体的函数文件名和运用关键词以简要描述函数的功能。

③ 在线帮助文本。H1 行之后的以"％"开头的所有注释行构成的说明文本，用来详

细介绍函数的功能和用法。供 help 在线帮助使用。

④ 函数体。函数体就是函数的主体，由实现该 M 函数文件功能的命令组成。它接收输入参数，按程序设计进行运算，然后输出参数，得到结果。

⑤ 注释。以％开始到行尾结束的部分。注释可以放在程序的任何位置，它不运行。

【例 2-47】 外接圆半径为 1 的多边形，用 M 函数文件来编写程序，用于计算任意边数多边形的边长和面积，并用任意线型和颜色绘制。

打开 M 函数文件编辑器，编写程序如图 2-31 所示，保存文件名为 polygon.m。

```
1    function  ss = polygon( n , s )
2    % POLYGON 计算多边形的边长和面积
3      %  n     多边形的边数
4      %  s     指定线型和颜色
5      %  ss    多边形的边长和面积
6      %  Polygon(n)        利用默认红色画多边形轮廓
7      %  Polygon(n,s)      利用串s指定的颜色画多边形轮廓
8      %  ss=Polygon(n)     计算多边形的边长和面积，用红色填充多边形
9      %  ss=Polygon(n,s)   计算多边形的边长和面积，利用串s指定的颜色填充多边形
10
11   if nargin > 2        %  若输入参数大于2
12   error ('输入变量太多。')        %则给出提示，程序终止
13   end
14   if nargin == 1      %若输入参数为1，
15   s = 'r' ;           %默认线型色彩为红色
16   end
17   dt =2* pi/n;        %n边形的分割
18   t =(0:n)'*dt;       %n边形的交点
19   x = sin(t);         %  x轴坐标表示
20   y = cos(t);         %  y轴坐标表示
21   if nargout == 0     %若函数无输出
22   plot(x,y,s);        %画n边形的轮廓线
23   else                %函数有输出
24   ds=2*sin(pi/n);     %计算多边形边长
25   area=n*ds*ds/4/tan(pi/n); %计算多边形面积
26   fill(x,y,s);        %填充绘制多边形
27   ss=[ds,area];       %合并
28   end
29   axis square off;    %不显示axes
30   end
```

图 2-31　多边形计算用 M 函数文件

关于函数调用时的输入、输出参数的传递。在 M 函数的内部流程可通过检测输入和输出参数的数量，与程序控制命令配合，对不同的输入和输出参数的数量，函数可完成不同的任务。外部对 M 函数的调用则通过调用时的输入、输出参数体现出来。在 M 函数内部对调用该函数的输入、输出参数进行检测的命令如表 2-26 所示。

参见【例 2-47】的输入、输出参数检测命令的使用。在该例中：

表 2-26 输入、输出参量检测命令

命令	含义
nargin	在函数体内,用于获取实际输入参数的数量
nargout	在函数体内,用于获取实际输出参数的数量
nargin('fun')	获取'fun'指定函数的标称输入参数的数量
nargout('fun')	获取'fun'指定函数的标称输出参数的数量
inputname(n)	在函数体内使用,给出第 n 个输入参数的实际调用变量名

nargin 命令获取实际输入参量个数。如果大于 2 则给出出错信息,终止程序;如果为 1 则指定颜色为红色;其他则用输入参数指定的颜色。

nargout 命令获取实际输出参量个数。如果为 0,则只用输入指定颜色或默认颜色绘制多边形轮廓线;否则用输入指定颜色或默认颜色填充多边形,并输出多边形边长和面积。

【例 2-48】M 函数调用示例(对【例 2-47】的 M 函数文件进行调用)。

编写的调用 M 函数文件的程序如下:

```
figure(1)              % 创建绘图窗口 1
ss = polygon(8,'y')    % 调用 polygon()函数,填充边数为 8 的多边形,计算边长和面积
figure(2)              % 创建绘图窗口 2
polygon(9,'k')         % 调用 polygon()函数,绘制边数为 9 的多边形轮廓线
```

运行上述程序,命令窗口输出多边形的边长和面积的计算结果如下:

ss =

    0.7654 2.8284

所绘制的多边形填充和轮廓线如图 2-32 所示。

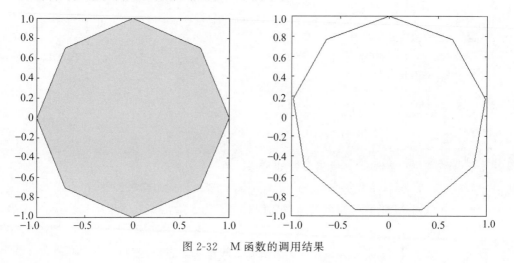

图 2-32 M 函数的调用结果

2.6.3　局部变量和全局变量

（1）局部（local）变量

局部变量是存在于临时函数工作区内部的中间变量，其产生于函数的运行过程中，影响范围也仅限于函数本身。

函数中普通的变量都是局部变量，一旦函数退出，变量也就不复存在。如果想保留这个变量的值（供该函数下一次调用），可以把这个变量声明为静态变量。静态变量类似于全局变量，但和全局变量不同的是，它仅在建立该变量函数中可见，在其他函数中是不可访问的。

静态变量用关键字 persistent 建立，注意只能在 function 里声明，且只有这个 function 才能认识它。如：

【例 2-49】 静态变量的使用演示。

编写的 M 函数文件的程序如下：

```
function y = test()    % 创建一个 M 函数 test()
 persistent a;          % 声明一个空的数组 a 为静态变量
  if isempty(a)         % 用 isempty(a)判断 a 是否已经赋值
    a = 0;              % 初始化数组 a 为 0
  end
  a = a + 1;
  y = a;
 end
```

在命令窗口调用两次 M 函数文件 y＝test，结果如下：

```
≫y = test
   y = 1
≫y = test
   y = 2
```

调用一次 y＝test；结果 y＝1，再调用一次 y＝test；结果 y＝2。就是说 a 记录了每次调用 function 后的结果。

（2）全局（global）变量

通过 global 命令，MATLAB 也允许几个不同的临时函数工作区以及基本工作区共享同一变量，这种被共享的变量称为全局变量。

简单地理解就是如果想让某个函数中建立的变量能够被其他函数调用，需要用到全局变量。

【例 2-50】 全局变量的使用演示。

编写第一个 M 函数如下：

```
function  t1           % 创建 M 函数 t1
```

```
global x;            %定义全局变量 x
x = 10;              %给变量 x 赋值 10
end
```

编写第二个 M 函数如下：

```
function  t2         %创建 M 函数 t2
global x;            %定义全局变量 x
y = x                %变量 x 的值赋值给 y 并显示
end
```

保存两个 M 函数文件，在命令窗口分别调用 t1 和 t2 函数。

≫t1

≫t2

结果如下所示，在 t1 函数中定义的全局变量 x 的值，被传入 t2 函数中使用。

$y =$

10

2.6.4　子函数和私有函数

(1) 子函数

在 MATLAB 中将多个函数放在同一个 M 文件中，其中，第一个出现的函数称为主函数（primary function），主函数只能有一个，而其他函数则称为子函数（subfunction）。外部程序只能对主函数进行调用。M 文件保存时所用函数文件名与主函数名一致。

子函数有如下性质：

① 每个子函数的第一行是该函数的声明行。

② 在 M 函数文件内，主函数的位置不可改变。

③ 子函数的排列次序任意。

④ 子函数只能被同一文件的主函数或其他子函数调用。

⑤ 同一文件的主函数、子函数的临时工作区是彼此独立的。

⑥ help、lookfor 等帮助命令不适用于子函数。

【例 2-51】编写 M 函数文件：main_fun.m，用一个函数实现 4 个非零数的加减乘除运算，在主函数中将运算结果相加，加减乘除通过子函数的调用完成运算。

① 打开 M 函数文件编辑器，编写如图 2-33 所示的含有子函数的 M 函数文件，编辑完成后，保存名为 main_fun.m 的文件。

② 在 MATLAB 命令窗口运行以下命令：

```
Clear;
a = [2 4 6 3];         %数组赋值
result = main_fun(a)   %主函数调用
```

```
main_fun.m  ×   +
1    function result = main_fun ( a )              %主函数
2 -     b=a(1);
3 -     c=a(2);
4 -     d=a(3);
5 -     e=a(4);
6 -     y1=add_fun(b,c,d,e);     %加法子函数调用
7 -     y2=sub_fun(b,c,d,e);     %减法子函数调用
8 -     y3=mul_fun(b,c,d,e);     %乘法子函数调用
9 -     y4=div_fun(b,c,d,e);     %除法子函数调用
10 -    result=y1+y2+y3+y4;
11
12      %————subfunction ————
13    function y1=add_fun(b,c,d,e) %加法运算子函数
14 -    y1=b+c+d+e;
15    function y2=sub_fun(b,c,d,e) %减法运算子函数
16 -    y2=b-c-d-e;
17    function y3=mul_fun(b,c,d,e) %乘法运算子函数
18 -    y3=b*c*d*e;
19    function y4=div_fun(b,c,d,e) %除法运算子函数
20 -    y4=b*c/d*e;
```

图 2-33　子函数结构和调用

命令窗口显示的运行结果为：

result

　　　= 152

在 M 函数文件中，子函数的参数值是通过主函数中的函数调用传过去的，子函数无法自动获取主函数中的参数值。

（2）私有函数

私有函数指位于 private 子目录下的函数。它们只能被上一层目录的函数访问，对于其他目录的函数都是不可见的，因而私有函数可以和其他目录下的函数重名。

用户可以在自己的工作目录下建立一个名为 private 的子目录，这个目录下的函数名可以根据需要任意指定，不必担心会和其他目录下的函数重名，因为 MATLAB 在查找一般 M 函数文件之前先查找私有函数。help、lookfor 等帮助命令不适用于私有函数。

2.7　串演算函数

串演算函数是用来运行字符串所代表的函数，其优点在于可以在函数运行中修改所运行的命令和参数，提高计算的灵活性。

MATLAB 提供了两种串演算函数，本节只介绍 eval（）串演算函数。feval（）函数句柄演算函数因涉及函数句柄操作，在此不做介绍。

eval（）函数具有对字符串表达式进行计算的能力，其调用的格式如表 2-27 所示。

表 2-27	eval（） 串演算函数调用格式
函数	功能说明
eval(expression)	运行 expression 指定的计算，expression 为字符串
$[y1,y2,\cdots]=$eval('function$(b1,b2,b3,\cdots)$')	运行带有输入变量 $b1,b2,b3,\cdots$ 的函数 function；返回结果在输出变量 $y1,y2,\cdots$ 中

【例 2-52】eval（）命令演示。

```
clear
t = pi;
cem = 't/2,sin(t)';
eval(cem)
```

运行结果为：

$$ans = \quad 1.5708$$
$$ans = \quad 1.2246e - 16$$

```
clear
t = pi;
eval('theta = t/2,y1 = sin(theta)');
```

运行结果为：

$$theta = 1.5708$$
$$y1 = 1$$

2.8 匿 名 函 数

匿名函数也是一种函数，但与 M 函数文件不同，它不是保存在文件中，而是程序运行后，保存在基本工作区中。匿名函数与标准函数一样，可以接受输入并返回输出，但只包含一个可运行语句。

匿名函数用符号@建立，其建立格式如表 2-28 所示。

表 2-28	匿名函数的建立格式
匿名函数	功能
name$=@(x)$function	name 为调用匿名函数时使用的名字； x 为匿名函数的输入参数，对于多个输入参数用逗号分隔； function 为函数表达式，实现函数的功能

对于表达式 $s=x^2+y^2$，其匿名函数的建立和调用方法如下：

```
S = @(x,y)x.^2 + y.^2
```

使用@创建由输入参数列表（x，y）和表达式 $x.\hat{\ }2 + y.\hat{\ }2$ 确定的匿名函数，并把这个函数返回给变量 S。程序中可以通过 S 来调用这个函数。

在命令窗口运行上述命令，则输出如下结果。

$S =$

　　$@(x,y)x.\hat{\ }2 + y.\hat{\ }2$

调用匿名函数 S 计算数据（3，4），调用方法如下：

```
A = S(3,4)
```

在命令窗口运行上述命令，则输出如下结果：

$A =$

　　25

输入参数如果是数组，调用匿名函数 S 的方法如下：

```
x = 1:5;
y = 2:6;
B = S(x,y)
```

在命令窗口运行上述命令，则输出如下结果：

$B =$

　　5　13　25　41　61

2.9　符　号　计　算

在 MATLAB 中，数值计算时数值表达式所用的变量必须预先赋值，否则该表达式无法计算。符号计算可以对未赋值的符号对象（可以是常数、变量、表达式）进行运算和处理。因此在进行符号计算时，首先要建立基本的符号对象，然后利用这些基本的符号对象去构成新的表达式，进而进行所需的符号运算。

2.9.1　符号对象的建立和使用

（1）建立符号对象

MATLAB 提供了两个建立符号对象的函数：sym（）和 syms，两个函数的用法不同，简化的调用格式如表 2-29 所示。

表 2-29　　　　　　　　　　建立符号对象的函数调用格式

函数	功能说明
$s = $ sym（A）	将单个常量、变量、函数或表达式转换为符号对象，建立符号变量 s
syms $a1$ $a2$ ⋯	直接由多个变量 $a1$ $a2$ ⋯（变量之间用空格分开），建立符号变量

【例 2-53】建立符号对象演示。

```
a = sym('x');          % 把变量 x 转换为符号对象,建立符号变量 a
b = sym(1/3);          % 把数值 1/3 转换为符号对象,建立符号常量 b
C = sym('[e f;h k]');  % 把矩阵转换为符号对象,建立符号矩阵 C
syms x y z             % 建立符号变量 x,y,z,等价于 x = sym('x');y = sym('y');
                         z = sym('z')
```

(2) 建立符号表达式

含有符号对象的表达式称为符号表达式。建立符号表达式通常有以下两种方法:

① 用 sym () 函数直接建立符号表达式。

② 使用已经建立的符号变量组成符号表达式。

【例 2-54】建立符号表达式演示。

```
                              % 示例 1
y = sym('sin(x) + cos(x)')    % 使用 sym 函数直接建立
                              % 示例 2
x = sym('x');                 % 建立符号变量 x
y = sin(x) + cos(x)           % 建立符号表达式
                              % 示例 3
syms x;                       % 建立符号变量 x
y = sin(x) + cos(x)           % 建立符号表达式
```

在命令窗口运行后,3 个示例得到的结果都为:

$y =$

    $\cos(x) + \sin(x)$

(3) 符号表达式中默认变量的确定

由于符号操作和计算的需要,MATLAB 提供了 findsym () 函数,可实现对表达式中默认自由符号变量的自动认定。findsym () 函数的调用格式如表 2-30 所示。

表 2-30   findsym () 函数的调用格式

函数	功能说明
findsym(f)	按字母顺序列出符号表达式 f 中的所有默认变量
findsym(f, N)	列出 f 中距离 x 最近的 N 个默认变量

确定符号表达式中默认变量的原则:

① 小写字母 i 和 j 不能作为自变量。

② 符号表达式中如果有多个字符变量,则按照以下顺序选择自变量:

首先选择 x 作为自变量；如果没有 x，则选择在字母顺序中最接近 x 的字符变量；如果与 x 距离相同，则在 x 后面的优先。

③ 大写字母比所有的小写字母都靠后。

【例 2-55】自由符号变量的自动辨认。

运行下列程序：

```
f = sym('a * x^2 + b * x + c')    %建立符号变量
findsym(f)                        %列出所有的自由符号变量
```

命令窗口显示的结果为：

f =

a * x^2 + b * x + c

ans =

a,b,c,x

运行下列程序：

```
findsym(f,2)            %列出离 x 最近的 2 个自由符号变量
```

命令窗口显示的结果为：

ans =

　　　x,c

2.9.2　符号表达式的运算

符号运算与数值计算的作用相同，这里仅列举本书学习中会用到的内容。有关求极限、泰勒级数展开、拉普拉斯（Laplace）变换、Z 变换等多种符号运算，可参看 MAT-LAB 帮助文本或其他参考资料。

（1）四则运算

符号表达式的四则运算与数值运算一样，用＋、－、＊、/、＾。

【例 2-56】符号四则运算演示。

```
x = sym('b');         %把变量 b 转换为符号对象,建立符号变量 x
y = sym('a');         %把变量 a 转换为符号对象,建立符号变量 y
a = 12;               %变量 a 赋值
b = 13;               %变量 b 赋值
m = a + b             %变量的运算
n = x + y             %符号变量的运算
eval(n)               %运行字符串演算运算 x + y
```

在命令窗口显示的运行结果为：

```
m =
    25
n =
a + b
ans =
    25
```

（2）符号因式分解 factor（x）

参数 x 可以是正整数、符号表达式阵列或符号整数阵列。若 x 为正整数，则 factor（x）返回 x 的质数分解式。若 x 为多项式或整数矩阵，则 factor（x）分解矩阵的每一元素。

【例 2-57】 求 $f(x) = x^3 - 6x^2 + 11x - 6$ 的因式分解。

运行以下程序：

```
f = sym('x^3 - 6 * x^2 + 11 * x - 6');
factor(f)
```

命令窗口显示的运行结果为：
```
ans =
    (x - 3) * (x - 1) * (x - 2)
```

（3）符号表达式的最简形式 simplify（S）

【例 2-58】 简化 $F = \sin(x)^4 + \cos(x)^4$

运行以下程序：

```
syms x;
F = sin(x)^4 + cos(x)^4;
G = simplify(F)
```

命令窗口显示的运行结果为
```
G =
    cos(4 * x)/4 + 3/4
```

（4）符号的代换 subs

subs（s，new），将符号表达式 s 中的默认变量替换为 new。

subs（s，old，new），将符号表达式 s 中的所有 old 变量替换为 new。

new 可以是符号变量、符号常量、也可以是双精度数值与数值数组等。当 new 是数值时可用于计算一元函数的函数值。

【例 2-59】 在 MATLAB 命令窗口输入如下程序：

MATLAB 编程如下：

```
syms a x y z;              %建立的符号变量
s = a * sin(x) + 5;        %符号表达式
f = 2 * x + y;             %符号表达式
```

```
subs(s,x,z)                       %将符号变量 x 替换为符号变量 z
subs(s,'sin(x)',sym('y'))         %将符号表达式 sin(x)替换为符号变量 y
subs(f,{x,y},{x+y,x-y})           %将符号变量 x、y 替换为符号变量 x+y、x-y
subs(s,{a,x},{0:6,0:pi/6:pi})     %将符号变量 a、x 替换为数值
```

运行以上程序，命令窗口显示的结果为：

ans =

$a*\sin(z)+5$

ans =

$a*y+5$

ans =

$3*x+y$

ans =

$[5,11/2,3^{(1/2)}+5,8,2*3^{(1/2)}+5,15/2,5]$

(5) 绘制符号函数

MATLAB 提供了符号函数绘图函数，这里介绍使用简单的 ezplot () 和 fplot () 函数。这两个绘图函数可用来绘制二维图形，也可以绘制符号表达式、方程或者函数。这两个函数的基本调用格式如表 2-31 所示。

表 2-31　　　　　　　　　　　　　绘图函数的基本调用格式

函数	功能说明
ezplot(fun)	对函数 fun,在默认的范围$[-2\pi,2\pi]$内绘图
ezplot(fun,limits)	对函数 fun,在指定的范围 limits 内绘图
fplot(fun,limits)	对显式函数 fun,在指定的范围 limits 内绘图;fun 必须是 M 文件的函数名或是独立变量为 x 的字符串

【例 2-60】 绘制函数 $f(x)=x\exp(-x)\sin(5x)$ 的图形。

MATLAB 编程如下：

```
syms x                            %创建符号变量
figure(1)                         %创建新的绘图窗口 1
ezplot(x*exp(-x)*sin(5*x),[0,3])  %表达式绘图
figure(2)                         %创建新的绘图窗口 2
f(x)=x*exp(-x)*sin(5*x);          %创建符号函数
fplot(f,[0,3])                    %函数绘图
```

在程序中，创建了 2 个图形窗口，分别绘图。运行结果如图 2-34 和图 2-35 所示。两图不同之处在于，ezplot () 绘图后自动给出图名、坐标名。

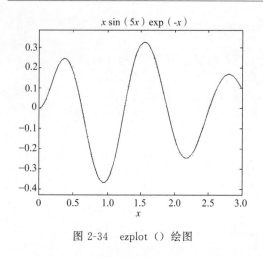

图 2-34　ezplot（）绘图

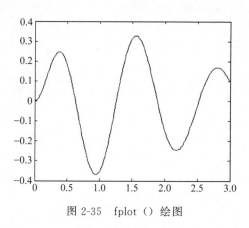

图 2-35　fplot（）绘图

【例 2-61】绘制隐函数 $x^2 + xy + y^2 = 10$ 的图形。

MATLAB 编程如下：

```
syms x                          % 创建符号变量
ezplot(x^2 + x * y + y^2 - 10)  % 隐函数绘图
axis([- 4,4, - 4,4])            % 限定坐标范围
```

运行结果如图 2-36 所示。由图也可见 ezplot（）绘图后自动给出图名、x、y 轴坐标名。

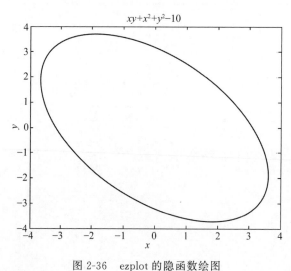

图 2-36　ezplot 的隐函数绘图

2.9.3　符号微积分

在进行符号微积分运算时，如果不指定函数自变量，MATLAB 将根据上、下文，按照数学约定确定自变量。例如，自变量通常取小写字母，并且靠近字母表的后面（如 x、y 和 z）。

（1）符号微分

diff（f，x，n）求函数 f（x）的 n 阶导数 $\dfrac{\mathrm{d}^n f\ (x)}{\mathrm{d}x^n}$

当 x 默认时，自变量会自动由 findsysm 确认；当 n 默认时，$n=1$。当 f 是数组时，微分运算按数组的元素逐个进行。

diff（）函数在数值计算中用来求差分。

【例 2-62】 设 $y=x^{10}+10^x+\ln x$，求函数 y 的一阶导数。

MATLAB 编程如下：

```
syms x                  %建立符号变量 x
y = x^10 + 10^x + log(x);
diff(y)                 %求 dy/dx
```

命令窗口显示的运行结果为：

ans =

10^x * log(10) + 1/x + 10 * x^9

（2）符号积分

和微分相比，符号积分是一项更复杂的工作，因为函数的积分有时可能不存在，即使存在，也可能限于很多条件，MATLAB 无法顺利得出。

符号积分的调用格式如表 2-32 所示。

表 2-32　　　　　　　　　　　　　　符号积分的调用格式

函数	功能说明
int（f,x）	求符号变量 x 的不定积分
int（f,x,a,b）	求符号变量 x 的定积分

x 为符号变量，当 x 省略时则默认自由变量，由 findsysm 自动确认。a 和 b 分别表示定积分的下限和上限，a 和 b 可以是两个具体的数，也可以是一个符号表达式。

【例 2-63】 求积分 $\displaystyle\int \cos\ (x)$

MATLAB 编程如下：

```
f = sym('cos(x)');    %定义符号表达式
int(f)
```

命令窗口显示的运行结果为：

ans =

　　　sin(x)

【例 2-64】 已知 f（t）$=t^2 \cos$（t），求 $s(x)=\displaystyle\int_0^x f(t)\mathrm{d}t$。

MATLAB 编程如下：

```
syms  t  x              %定义 t、x 为符号变量
f = t^2 * cos(t)
s = int(f,t,0,x)
```

命令窗口显示的运行结果为：

f =

　　t^2 * cos(t)

s =

　　sin(x) * (x^2 − 2) + 2 * x * cos(x)

习　题

1. 指出以下的变量名（函数名、M 文件名）中，哪些是合法的？

Abc　2004x　1i1−1　wu_2004　a&b　qst.u　_xyz

2. 编写程序，建立向量 $N = [1, 2, 3, 4, 5]$，然后利用向量 N 产生下列向量：

(1) 2, 4, 6, 8, 10

(2) 1/2, 1, 3/2, 2, 5/2

(3) 1, 1/2, 1/3, 1/4, 1/5

(4) 1, 1/4, 1/9, 1/16, 1/25

3. 现有矩阵 $A = \begin{bmatrix} 1, & 2 \\ 3, & 4 \end{bmatrix}$, $B = \begin{bmatrix} 5, & 6 \\ 7, & 8 \end{bmatrix}$, 试组合以下新的矩阵：

$$C = \begin{bmatrix} 1 \\ 3 \\ 2 \\ 4 \end{bmatrix}, \quad D = \begin{bmatrix} 1,5 \\ 3,7 \\ 2,6 \\ 4,8 \end{bmatrix}, \quad E = [1,3,2,4,5,7,6,8], \quad F = [1,2,3,4,5,6,7,8]$$

4. 在 $\cos(x)$ 运算中，x 是角度还是弧度？

5. 下列运算是什么运算？y 的类型是什么？

$y = ['zhe', num2str(5)]$

6. 判断下列一段程序的错误，并进行改正。

```
x = −3:0.5:3;
y = x^2;
plot(x,y)
```

7. 如何给已经绘制好的图形加上网格线？如何在指定的坐标位置标注文本？

8. 结合基本工作区中变量，试比较以下两式结果的不同？

$A = sym(1/3)$

$B = 1/3$

9. $A = [50.50 - 6 - 3]$，在进行逻辑运算时，A 相当于什么样的逻辑量？

10. 结合【例 2-49】的程序，在使用静态变量 a 时，为何使用 isempty（）函数检测变量 a，然后对 a 赋初值？

```
persistent a;          %声明空的数组 a 为静态变量
if isempty(a)          %用 isempty(a)判断 a 是否已经赋值
a = 0;                 %初始化数组 a 为 0
end
```

11. 使用 for-end 循环结构，将单位阵 eye（5，5）对角线数值转为列向量。

12. 输入 20 个数，求其中最大数和最小数。要求分别用循环结构和调用 MATLAB 的 max 函数、min 函数来实现。

13. 使用 while 循环结构编程，找出近似级数 $e^x = 1 + x + x^2/2 + x^3/6$ 中误差大于 1% 之前的最大的 x 值（精确到小数点后两位位置）。

14. 利用数据点型，标出两条曲线 $y_1 = 0.2e^{-0.5t}\sin（12t）$ 和 $y_2 = 2e^{-0.5t}\sin（4t）$ 的交叉点。

第3章　MATLAB系统仿真模型

要分析系统，首先要建立系统的数学模型，数学模型是描述系统内部物理量（或变量）之间关系的数学表达式。建立系统的数学模型后，利用 MATLAB 提供的系统建模命令，就可以建立系统的仿真模型，进行系统响应仿真，分析系统的性能。

本章介绍有关动态系统概念、连续系统基本概念及仿真建模、离散系统基本概念及仿真建模、仿真模型运算与转化，并通过具体例题介绍 MATLAB 在机电系统建模中的应用。

3.1　动态系统概述

在真实世界中到处都是动态系统，有些系统是自然存在的，有些是人为建立起来的。例如，水流在河床中的运动、弹球运动，属于自然动态系统；恒温控制系统、汽车速度控制系统、自适应控制系统等，属于人为建立起来的动态系统。动态系统是由一些基本系统按照一定规则而建立起来的系统。

要设计、分析或修改动态系统，必须理解该系统的工作方式，建立该系统的数学模型。建立数学模型有两种方法：其一是从已知的物理规律出发，用数学推导的方式建立起系统的数学模型；其二是由实验数据拟合系统的数学模型。实际应用中，二者各有其优势和适用场合。从系统所用的数学模型角度分类，系统常用数学模型有 4 类：常微分方程、差分方程、代数方程和混合方程。

动态系统既可以是连续系统，也可以是离散系统。例如，汽车防抱死刹车系统，在真实系统中制动块在制动过程中其强度变化是连续的，以制动块作为研究对象应建立其连续系统；但是若使用计算机控制制动块作用于 4 个车轮，从而引起轮速变化，那么计算机是以时钟频率为基础进行操作的，这时若以计算机操作为建模对象，那么所建动态系统应该是离散系统。

3.2　系统时域的数学模型

系统时域数学模型指系统运动变化过程的时间域描述，常用微分方程、差分方程表示，也可以用状态空间方程表示。为了求微分方程、差分方程的解，经过变换转换为传递函数求解。复杂系统所用的模型，也可以分解为方框图形式，进而转化传递函数求解。传递函数代表正在研究的动态系统。

模型是仿真的基础，建立模型是进行系统仿真的第一步。为了更好地理解数学建模工具的使用，本节简单介绍传递函数及其应用基础。

3.2.1　系统时域模型

在控制工程中，按照系统性能可分为线性系统和非线性系统、连续系统和非连续系统、常系统和时变系统、确定系统和不确定系统等。实际工程中大部分系统是非线性连续系统，但是在一定的范围内可以将其线性化，可以利用线性模型代替非线性连续系统。

同时具有叠加性和齐次性（均匀性）的系统，通常称为线性系统。当若干个输入信号同时作用于系统时，总的输出信号等于各个输入信号单独作用时所产生的输出信号之和，这个性质称为叠加性。

（1）连续时间系统

连续系统是系统中所有信号都是时间变量的函数，也就是说，系统输出在时间上是连续变化的，因此需要满足以下 3 个条件：

① 系统输出连续变化，变化间隔为无穷小量；

② 系统数学模型中，含有输入、输出微分项；

③ 系统具有连续的状态，系统状态为时间连续量。

这里要理解系统状态的意义，系统状态可以看作系统结构动态变化的数学描述。系统参数是系统静态结构的数学描述，也可以看作是系统动态方程的常系数。例如，对于运动物体的动态系统，物体的位移和速度是物体运动的当前状态，物体质量就是物体运动动态系统的静态参数。

连续时间系统用常微分方程描述。对于单输入单输出（SISO）系统，其数学模型的一般形式为：

$$a_n y^{(n)}(t) + a_{n-1} y^{(n-1)}(t) + \cdots + a_0 y(t) = b_m u^{(m)}(t) + b_{m-1} u^{(m-1)}(t) + \cdots + b_0 u(t) \qquad (3\text{-}1)$$

式中　u、y——系统的输入和输出；

　　　a_i、b_i——各导数项系数。

写微分方程时，常习惯于把输出写在方程的左边，输入写在方程右边，而且微分的次数由高到低排列。

（2）离散时间系统

如果系统中有一处或者几处信号是一串脉冲序列或数字序列，换句话说，这些信号仅定义在离散时间上，则将这样的系统称为离散系统。离散系统需要满足以下条件：

① 系统每隔固定时间间隔才"更新"一次，即系统的输入/输出每隔固定时间间隔便改变一次；固定的时间间隔称为采样时间；

② 系统的输出要依赖于当前系统的输入、以前的输入和输出，即系统的输出是某种函数；

③ 离散系统具有离散的状态，其中状态指的是系统前一时刻的输出量。

离散时间系统用差分方程描述。对于单输入单输出系统，其数学模型的一般形式为：

$$a_n y[(k+n)T] + a_{n-1} y[(k+n-1)T] + \cdots + a_0 y(kT) = b_m[(k+m)T] +$$
$$b_{m-1}[(k+m-1)T] + \cdots + \qquad (3\text{-}2)$$
$$b_0 u(kT)$$

式中　T——采样时间，在简便书写时常将其省略。

在式（3-1）和式（3-2）中，若 a_i、b_i 均为常数，则系统被称为线性时不变（LTI）系统，又称为线性定常系统。

3.2.2　传递函数以及典型环节的传递函数

对于线性定常系统，在零初始条件下，系统输出量的拉氏变换与引起该输出的输入量的拉氏变换的比值叫该系统的传递函数，用 $G(s)$ 表示。

对于式（3-1）的微分方程，则零初始条件下，对上式两边取拉氏变换，得到系统传递函数为：

$$G(s)=\frac{Y(s)}{U(s)}=\frac{b_m s^m+b_{m-1}s^{m-1}+\cdots+b_1 s+b_0}{a_n s^n+a_{n-1}s^{n-1}+\cdots+a_1 s+a_0} \tag{3-3}$$

因为组成系统的元器件或多或少存在惯性，所以式（3-3）的 $G(s)$ 的分母次数大于等于分子次数，即 $n \geq m$。若 $m > n$，这是物理不可实现的系统。

在机电控制工程中，传递函数是一个非常重要的概念，是分析线性定常系统的常用数学工具，它有以下特点：

① 比微分方程简单，通过拉氏变换，实数域内复杂的微积分运算已经转化为简单的代数运算；

② 如果 $G(s)$ 已知，那么可以研究系统在各种输入信号作用下的输出响应；

③ 令传递函数中的 $s=j\omega$，则系统可在频率域内分析；

④ $G(s)$ 的零极点分布决定系统动态特性；

⑤ 传递函数是可以有量纲的，其物理单位由输入、输出的物理量的量纲来确定；

⑥ $G(s)$ 描述了输出与输入之间的关系，通常不能表明系统的物理特性和物理结构，因为许多物理性质不同的系统，有着相同的传递函数。

控制理论中系统各部分按动态特性进行分类，具有相同动态特性或者说具有相同传递函数的所有不同物理结构，不同工作原理的元器件，都认为是同一环节。

下面了解一下典型环节及其传递函数。

（1）比例环节

比例环节又称为放大环节，其输出变量与输入变量之间的关系为固定的比例关系，即它的输出变量能够无失真、无延迟地按一定的比例关系复现输入变量。

时域中的代数方程为：

$$y(t)=Ku(t) \tag{3-4}$$

式中　K——比例系数或传递系数，有时也称为放大系数。

比例环节的传递函数为：

$$G(s)=\frac{Y(s)}{U(s)}=K \tag{3-5}$$

（2）惯性环节

惯性环节又称为非周期环节，其输出变量和输入变量之间的关系可用下列微分方程来描述：

$$T\frac{\mathrm{d}}{\mathrm{d}t}y(t)+y(t)=u(t) \tag{3-6}$$

则传递函数为：

$$G(s)=\frac{Y(s)}{U(s)}=\frac{1}{Ts+1} \tag{3-7}$$

式中　T——时间常数。

由于惯性环节含有一个储能元件，所以当输入变量突然变化时，输出变量不能立即跟随，而是按指数规律逐渐变化，故称惯性环节。

（3）微分环节

① 理想微分环节。如果输出变量正比于输入变量的微分，即：

$$y(t) = ku'(t) \tag{3-8}$$

则传递函数为：

$$G(s) = \frac{Y(s)}{U(s)} = ks \tag{3-9}$$

实际上，相同量纲的理想微分环节是难以实现的，常遇到的是近似微分环节。

② 近似微分环节。其传递函数为：

$$G(s) = \frac{kTs}{\tau s + 1} \tag{3-10}$$

当 $\tau \to 0$，kT 保持常值时，近似微分环节方程就成为理想微分环节方程。

（4）积分环节

如果输出变量正比于输入变量的积分，即：

$$y(t) = k \int u(t)\,\mathrm{d}t \tag{3-11}$$

则传递函数为：

$$G(s) = \frac{Y(s)}{U(s)} = \frac{k}{s} \tag{3-12}$$

（5）振荡环节

如果输入、输出变量可表达为二阶微分方程：

$$T^2 \frac{\mathrm{d}^2 y(t)}{\mathrm{d}t^2} + 2\xi T \frac{\mathrm{d}y(t)}{\mathrm{d}t} + y(t) = u(t) \tag{3-13}$$

则传递函数为：

$$G(s) = \frac{Y(s)}{U(s)} = \frac{1}{T^2 s^2 + 2\xi Ts + 1} \tag{3-14}$$

式中　T——时间常数；

　　　ξ——阻尼比。

振荡环节传递函数的另一常用标准形式为：

$$G(s) = \frac{\omega_n^2}{s^2 + 2\xi \omega_n s + \omega_n^2} \tag{3-15}$$

其中，$\omega_n = \dfrac{1}{T}$，称为无阻尼振荡频率。

（6）延迟环节

输入变量作用于系统后，输出变量要滞后一段时间才能不失真地传递输入变量的环节。它不能单独存在，一般与其他环节同时出现。延迟环节的表达式为：

$$y(t) = u(t - \tau) \tag{3-16}$$

它是线性环节，其传递函数为：

$$G(s) = \mathrm{e}^{-\tau s} \tag{3-17}$$

延迟环节与惯性环节的区别：惯性环节从输入开始就已有输出，只是由于惯性，输出要滞后一段时间才接近所要求的输出值；延迟环节在输入开始之初，在 $0 \sim \tau$ 的时间内，并无输出，当 $t = \tau$ 之后，输出就完全等于输入。

3.2.3　系统方框图及其等效变换

方框图又称方块图或结构图，它用一个方框表示系统或环节，如图 3-1 所示。方框图的一端为输入信号 $u(t)$，另一端是经过系统或环节后的输出信号 $y(t)$，图中箭头指向表示信号传递的方向。方框中用文字表示系统或环节，也可以填入表示环节或系统的传递函数，这是更为常用的方框图。

图 3-1　系统或环节的方框图表示

对于一个系统，可以将其划分为若干环节，如前述几种典型环节等，每个环节用一个方框图表示，按照信号的传输关系构成整个系统的方框图。根据系统方框图，可以了解系统中信号的传递过程和各环节之间的联系。

（1）系统方框图的组成

系统方框图的组成一般包括如下几部分：

① 函数方框。表示输入到输出单向传输间的函数关系，函数方框如图 3-2 所示。它是方框图的基本单元，传递线箭头表示信号的传递方向，指向方框的箭头表示输入信号，从方框出来的箭头表示输出信号，传递线上标明相应的信号，方框内的函数为输入与输出的传递函数 $G(s)$。

函数方框具有运算功能，图中输出 $Y(s) = G(s)U(s)$。

② 相加点。也称汇合点，比较点，如图 3-3 所示。两个或两个以上的输入信号进行加减比较的元件。"＋"表示相加，"－"表示相减。"＋"号可省略不写。注意：进行相加减的量，必须具有相同的量纲。图中 $Z(s) = X(s) \pm Y(s)$。

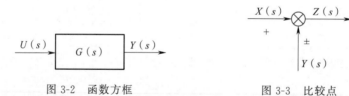

图 3-2　函数方框　　　　　　　　图 3-3　比较点

③ 引出点。引出点如图 3-4 所示。表示同一信号在该点向不同的方向传递，从同一点引出的信号在数值和性质上完全相同。

（2）系统方框图等效变换

方框图的基本连接包括串联、并联和反馈，此处

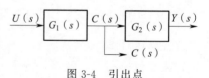

图 3-4　引出点

介绍方框图简化时的等效变换，相关的简化见后面 3.4 节的介绍。

对于一般系统的方框图，系统中常常出现信号或反馈环节相互交叉的现象，此时可将信号相加点（比较点）或信号引出点（分支点）作适当的等效移动，先消除各种形式的交叉，再进行等效变换即可。

① 相加点前移。相加点前移如图 3-5 所示。在移动的支路上串入所越过方框的传递函数的倒数。

图 3-5　相加点前移的等效变换

② 相加点后移。相加点后移如图 3-6 所示。在移动的支路上串入所越过方框的传递函数。

图 3-6　相加点后移的等效变换

③ 引出点前移。引出点前移如图 3-7 所示。在引出的支路上串入所越过方框的传递函数。

图 3-7　引出点前移的等效变换

④ 引出点后移。引出点后移如图 3-8 所示。在引出的支路上串入所越过方框的传递函数的倒数。

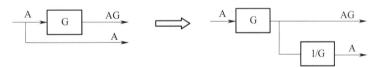

图 3-8　引出点后移的等效变换

总之，方框图等效变换遵循两条规律：

a. 各前向通路传递函数的乘积保持不变；

b. 各回路传递函数的乘积保持不变。

3.3　系统仿真模型

系统仿真模型是指根据系统的数学模型，用仿真语言转化为计算机可以实现的数字模型。在 MATLAB 环境下，简称模型。

MATLAB 及其工具箱（如 Simulink）可以很容易地把微分方程或传递函数所代表的数学模型输入计算机，建立模型。

3.3.1 传递函数建模

对于 SISO 连续时间系统，由其微分方程（3-1）经 s 变换，可得到该系统的传递函数：

$$G(s)=\frac{Y(s)}{U(s)}=\frac{b_m s^m+b_{m-1}s^{m-1}+\cdots+b_1 s+b_0}{a_n s^n+a_{n-1}s^{n-1}+\cdots+a_1 s+a_0}=\frac{\text{num}(s)}{\text{den}(s)} \qquad (3\text{-}18)$$

对于 SISO 离散时间系统，由其差分方程式（3-2）经 z 变换，可得到该系统的脉冲传递函数（或：z 传递函数）：

$$G(z)=\frac{Y(z)}{U(z)}=\frac{b_m z^m+b_{m-1}z^{m-1}+\cdots+b_0}{a_n z^n+a_{n-1}z^{n-1}+\cdots+a_0}=\frac{\text{num}(z)}{\text{den}(z)}$$

在 MATLAB 中，用 tf（）函数建立连续与离散系统传递函数的仿真模型，tf（）函数的调用格式如表 3-1 所示。

表 3-1   **tf（）函数调用格式**

函数调用格式	适用系统	说明
$G=\text{tf}(num,den)$	连续系统	num 为传递函数分子系数向量,降幂次序排列；den 为传递函数分母系数向量,降幂次序排列
$s=\text{tf}('s')$	连续系统	定义传递函数的算子 s,用数学表达式的形式直接输入
$\text{sys}=\text{tf}(num,den,Ts)$	离散系统	num 为传递函数分子系数向量,降幂次序排列；den 为传递函数分母系数向量,降幂次序排列；Ts 为采样时间

表中第一种传递函数的输入格式适合标准多项式，第二种适合传递函数的分子或分母由若干个多项式乘积表示，在此种输入方式下，用 $s=\text{tf}('s')$ 先定义传递函数的算子，然后用类似数学表达式的形式直接输入系统的传递函数，建立模型。

【例 3-1】 某系统的传递函数如下：

$G(s)=\dfrac{s+2}{s^2+s+10}$，用 MATLAB 建立系统传递函数的模型。

在命令窗口输入：

```
num = [1,2];      % 分子系数
den = [1 1 10];   % 分母系数
G = tf(num,den)
```

命令窗口显示的结果为：

```
G =

    s + 2
  ------------
  s^2 + s + 10

Continuous-time transfer function.
```

G 表示该系统的传递函数模型。另外，直接输入 $G=\text{tf}$（[1，2]，[1，1，10]），也可得到同样的结果。

【例 3-2】某系统的传递函数如下：

$G(s) = \dfrac{3(s^2+3)}{(s+2)^3(s^2+2s+1)(s^2+5)}$，用 MATLAB 建立系统传递函数的模型。

这里可以使用 MATLAB 的传递函数的算子，建立系统的模型。

在命令窗口输入：

```
s = tf('s');                                    % 先定义 Laplace 算子
G = 3*(s^2 + 3)/(s + 2)^3/(s^2 + 2*s + 1)/(s^2 + 5)    % 直接给出系统传递函数
                                                  表达式
```

命令窗口显示的结果为：

G =

$$3s^2 + 9$$

$s\mathord{\char`\^}7 + 8s\mathord{\char`\^}6 + 30s\mathord{\char`\^}5 + 78s\mathord{\char`\^}4 + 153s\mathord{\char`\^}3 + 198s\mathord{\char`\^}2 + 140s + 40$

G 表示该系统的传递函数模型。

3.3.2 零极点增益建模

对于 SISO 连续系统传递函数也可以用零极点增益表达式表示，这是传递函数的另一种表示形式。系统传递函数表示为：

$$G(s) = \frac{Y(s)}{U(s)} = k\,\frac{(s-z_1)(s-z_2)\cdots(s-z_m)}{(s-p_1)(s-p_2)\cdots(s-p_n)} \tag{3-19}$$

离散系统的也可以用零极点增益表达式来表示。系统 z 传递函数为：

$$G(z) = \frac{Y(z)}{U(z)} = k\,\frac{(z-z_1)(z-z_2)\cdots(z-z_m)}{(z-p_1)(z-p_2)\cdots(z-p_n)} \tag{3-20}$$

式中 k——系统的增益；

z_1，z_2，$\cdots z_m$——系统零点；

p_1，p_2，$\cdots p_n$——系统极点。

在 MATLAB 中，用 zpk () 函数建立连续与离散系统零极点增益传递函数的模型，zpk () 函数的调用格式如表 3-2 所示。

表 3-2 zpk () 函数调用格式

函数调用格式	适用系统	说明
$G = zpk(z,p,k)$	连续系统	z、p、k 分别为系统的零点向量、极点向量和增益
$s = zpk('s')$	连续系统	定义传递函数的算子 s，用数学表达式的形式直接输入
$sys = zpk(z,p,k,Ts)$	离散系统	z、p、k 分别为系统的零点向量、极点向量和增益；Ts 为采样时间

【例 3-3】某系统的零极点增益形式的传递函数如下：

$G(s) = \dfrac{18(s+2)}{(s+0.4)(s+15)(s+25)}$，用 MATLAB 建立系统零极点增益的模型。

在命令窗口输入：

```
z = -2;
p = [0.4 - 15 - 25];
k = 18;
sys = zpk(z,p,k)
```

命令窗口显示的结果为:

sys =

$$\frac{18(s+2)}{(s+0.4)(s+15)(s+25)}$$

sys 表示该系统的零极点增益模型。在命令窗口直接输入 sys = zpk(-2,[-0.4, -15,-25],18),也可得到同样的结果。

【例 3-4】某系统的零极点增益形式的传递函数如下:

$G(s)=\dfrac{6(s+5)(s^2+4s+8)}{(s+1)(s+2)(s+3)(s+4)}$,用 MATLAB 建立该系统模型。

在命令窗口输入:

```
s = zpk('s');                                          % 先定义
                                                       Laplace 算子
G = 6*(s+5)*(s^2+4*s+8)/((s+1)*(s+2)*(s+3)*(s+4))      % 直接给出系
                                                       统传递函数表
                                                       达式
```

命令窗口显示的结果为:

G =

$$\frac{6(s+5)(s^2+4s+8)}{(s+1)(s+2)(s+3)(s+4)}$$

G 表示该系统的零极点增益模型。

3.3.3 状态空间表达式建模

由于微分方程和传递函数是在初始条件为零时描述系统性能的数学模型,只能反映出系统输出和输入之间的对应关系。而在系统性能分析与仿真时,常常考虑到系统内部各变量的状态和初始条件。因此,需介绍另一种数学模型来描述此系统,该数学模型即状态空间表达式。

现代控制理论描述系统动态特性采用状态空间表达式,对 LTI 系统,其基本形式为:

$$\begin{cases} x'(t)=Ax(t)+Bu(t) \\ y(t)=Cx(t)+Du(t) \end{cases} \tag{3-21}$$

其中, $u=[u_1,\cdots,u_p]^T$ 与 $y=[y_1,\cdots,y_q]^T$ 分别为输入和输出向量, $x=$

$[x_1，\cdots，x_n]^{\mathrm{T}}$ 为状态向量，矩阵 $\boldsymbol{A}$、$\boldsymbol{B}$、$\boldsymbol{C}$ 和 $\boldsymbol{D}$ 为维数相容的矩阵。一般称：$\boldsymbol{A}$ 为系统矩阵，$\boldsymbol{B}$ 为输入矩阵或控制矩阵，$\boldsymbol{C}$ 为输出矩阵，$\boldsymbol{D}$ 为传递矩阵或直接矩阵。

状态空间表达式包括以下两部分：

① 状态变量的一阶导数与状态变量、输入量的关系表达式，$\boldsymbol{x}'(t)=\boldsymbol{A}\boldsymbol{x}(t)+\boldsymbol{B}\boldsymbol{u}(t)$，称为状态方程。

② 系统输出量与状态变量、输入量的关系表达式，$\boldsymbol{y}(t)=\boldsymbol{C}\boldsymbol{x}(t)+\boldsymbol{D}\boldsymbol{u}(t)$，称为输出方程。

LTI 离散时间系统的状态空间表达式与连续系统的类似，形式为：

$$\begin{cases} \boldsymbol{x}(k+1)=\boldsymbol{A}\boldsymbol{x}(k)+\boldsymbol{B}\boldsymbol{u}(k) \\ \boldsymbol{y}(k)=\boldsymbol{C}\boldsymbol{x}(k)+\boldsymbol{D}\boldsymbol{u}(k) \end{cases} \tag{3-22}$$

在 MATLAB 中，连续与离散系统都可以直接用矩阵组 $[A，B，C，D]$ 表示系统，用 ss（）函数建立连续与离散系统状态空间表达式的模型，ss（）函数的调用格式如表 3-3 所示。用 ssdata（）函数得到连续与离散系统状态空间表达式的参数，ssdata（）函数的调用格式如表 3-4 所示。

表 3-3　　　　　　　　　　　ss（）函数调用格式

函数调用格式	适用系统	说明
$G=\mathrm{ss}(\boldsymbol{A}，\boldsymbol{B}，\boldsymbol{C}，\boldsymbol{D})$	连续系统	$[A、B、C、D]$ 系统的矩阵组
$G=\mathrm{ss}(\boldsymbol{A}，\boldsymbol{B}，\boldsymbol{C}，\boldsymbol{D}，Ts)$	离散系统	$[A、B、C、D]$ 系统的矩阵组，Ts 采样时间

表 3-4　　　　　　　　　　ssdata（）函数调用格式

函数调用格式	适用系统	说明
$[\boldsymbol{A}、\boldsymbol{B}、\boldsymbol{C}、\boldsymbol{D}]=\mathrm{ssdata}(\mathrm{sys})$	连续系统	得到连续系统状态空间表达式矩阵组 $[A、B、C、D]$
$[\boldsymbol{A}、\boldsymbol{B}、\boldsymbol{C}、\boldsymbol{D}、Ts]=\mathrm{ssdata}(\mathrm{sys})$	离散系统	得到离散系统状态空间表达式矩阵组 $[A、B、C、D]$，采样时间 Ts

【例 3-5】如图 3-9 所示，小车可以简化为质量-弹簧-阻尼机械系统，当质量 $m=5$ kg，弹性系数 $k=2$ N/m，阻尼 $c=0.1$ N/m·s，用 MATLAB 状态空间表达式，建立小车在力 u 作用下，位移为输出的仿真模型。

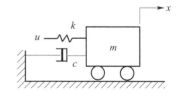

图 3-9　质量-弹簧-阻尼机械系统

① 建立系统的数学模型。以小车为分析对象，根据牛顿第二定律，该系统的动力学方程表示为：

$$mx''+cx'+kx=ku \tag{3-23}$$

② 建立系统的状态空间表达式的数学模型。对于该系统用小车的位移和速度作为状态变量。设状态向量 z 分别对应小车的位移 x 和速度 x'。

$$z=\begin{pmatrix} z_1 \\ z_2 \end{pmatrix}=\begin{pmatrix} x \\ x' \end{pmatrix} \tag{3-24}$$

根据式（3-23）的数学推导，当将状态向量 z 对时间求导（微分），可以将系统整理为状态向量的一阶微分方程组：

$$\begin{cases} z'_1 = x' = z_2 \\ z'_2 = x'' = \dfrac{k}{m}u - \dfrac{k}{m}z_1 - \dfrac{c}{m}z_2 \end{cases} \tag{3-25}$$

式（3-25）是一个线性系统，该系统状态方程的矩阵形式表示为：

$$z' = Az + Bu \tag{3-26}$$

式中　　A——状态矩阵；

　　　　B——输入矩阵；

　　　　u——输入向量。

$$A = \begin{pmatrix} 0 & 1 \\ -\dfrac{k}{m} & -\dfrac{c}{m} \end{pmatrix}, B = \begin{pmatrix} 0 \\ \dfrac{k}{m} \end{pmatrix} \tag{3-27}$$

根据式（3-24），小车 m 的位移输出为 x，即状态 z_1 作为小车的输出，则输出方程的矩阵形式表示为：

$$x = Cz + Du \tag{3-28}$$

式中　　C——输出矩阵；

　　　　D——传递矩阵；

　　　　x——输出向量。

$C = (1 \quad 0)$，$D = 0$。

最后将矩阵 A 和矩阵 B 代入式（3-26），矩阵 C 和矩阵 D 代入式（3-28），可得该系统的状态空间表达式为：

$$\begin{pmatrix} z'_1 \\ z'_2 \end{pmatrix} = \begin{pmatrix} 0 & 1 \\ -\dfrac{k}{m} & -\dfrac{c}{m} \end{pmatrix} \begin{pmatrix} z_1 \\ z_2 \end{pmatrix} + \begin{pmatrix} 0 \\ \dfrac{k}{m} \end{pmatrix} u \tag{3-29}$$

$$x = (1 \quad 0) \begin{pmatrix} z_1 \\ z_2 \end{pmatrix} \tag{3-30}$$

③ 建立 MATLAB 的系统仿真模型。将上述状态空间表达式的各个系数矩阵按照常规矩阵的输入方式，输入到对应的矩阵 A、B、C 和 D 中，在 MATLAB 中直接创建状态空间表达式的仿真模型，系统的编程如下：

```
m = 5; k = 2; c = 0.1;
A = [0,1; - k/m, - c/m];
B = [0, - k/m];
C = [1,0];
D = 0;
G = ss(A,B,C,D)          % 建立并显示状态空间表达式模型
```

程序运行后，在命令窗口显示的结果为：

```
G =
a =
        x1        x2
  x1     0         1
```

```
      x2   − 0.4 − 0.02
  b =
            u1
    x1    0
    x2   − 0.4
  c =
        x1      x2
    y1    1       0
  d =
            u1
    y1     0
```
Continuous-time state-space model.

变量 G 代表在 MATLAB 中的系统状态空间表达式，也就是该系统的仿真模型。

注意：a、b、c、d 分别对应原系统中的 $\boldsymbol{A}$、$\boldsymbol{B}$、$\boldsymbol{C}$、$\boldsymbol{D}$，$x1$、$x2$ 为 MATLAB 默认的状态变量，$y1$、$u1$ 为 MATLAB 默认的系统输出和输入变量。

3.3.4　系统模型的转换

在一些场合下需要用到某种形式模型，而在另外一些场合下可能需要另外形式的模型，这就需要进行模型的转换。系统的线性时不变（LTI）模型的传递函数（tf）模型、零极点增益（zpk）模型和状态空间表达式（ss）模型之间可以相互转换。

MATLAB 只要建立了一种模型，利用模型转换函数，就可以方便地转换为另外两种形式。在 MATLAB 中，连续与离散系统都可以直接用表 3-5 中的函数直接进行转换。

表 3-5　　　　　　　　　　　　　　　　MATLAB 的模型转换函数

函数调用格式	说明
NewG＝tf(G)	将其他类型的模型 G 转换为多项式传递函数模型 NewG
NewG＝zpk(G)	将其他类型的模型 G 转换为零极点增益模型 NewG
NewG＝ss(G)	将其他类型的模型 G 转换为状态空间表达式模型 NewG

【例 3-6】已知系统的传递函数如下：

$$G(s) = \frac{5}{(s^2 + 2s + 1)(s + 2)}$$

试求其零极点增益模型及状态空间表达式模型。

编写如下的程序，建立系统的仿真模型。

```
num = [5];
den = conv([1 2],[1 2 1]);     % 多项式相乘
Gtf = tf(num,den);             % 得到系统多项式传递函数的模型
Gzpk = zpk(Gtf);               % 将多项式传递函数模型转换为 zpk 的模型
Gss = ss(Gtf)                  % 将多项式传递函数模型转换为 ss 的模型
```

程序运行后，在命令窗口显示的结果为：

Gtf =

$$\frac{5}{s^3 + 4s^2 + 5s + 2}$$

Continuous-time transfer function.

Gzpk =

$$\frac{5}{(s+2)(s+1)^2}$$

Continuous-time zero/pole/gain model.

Gss =

a =

	x1	x2	x3
x1	-4	-2.5	-1
x2	2	0	0
x3	0	1	0

b =

	u1
x1	2
x2	0
x3	0

c =

	x1	x2	x3
y1	0	0	1.25

d =

	u1
y1	0

Continuous-time state-space model.

这里的 conv（）函数完成把两个多项式相乘合并成一个多项式。

3.3.5　时间延迟系统建模

时间延迟环节的系统传递函数为：

$$G(s) = G_1(s)e^{-\tau s} \tag{3-31}$$

式中　$G_1(s)$——系统无时延部分的传递函数；

　　　　τ——延迟时间。

利用 MATLAB 建立时间延迟环节系统模型，函数的调用格式如表 3-6 所示。

模型中，'InputDelay'也可写成'OutputDelay'，对于线性 SISO 系统，二者是等价的。

表 3-6　　　　　　　　　　　　　　　**时间延迟环节函数调用格式**

函数调用格式	说明
G＝tf(num,den,'InputDelay',tao)　　　　　G＝zpk(z,p,k,'InputDelay',tao)	'InputDelay'为关键词，tao 为系统延迟时间 τ 的数值

【例 3-7】某系统含有延时环节，系统传递函数如下：

$G\ (s)\ =\mathrm{e}^{-0.5s}\dfrac{5s+3}{s^3+6s^2+11s+6}$，用 MATLAB 建立系统仿真模型。

在命令窗口输入：

```
NUM = [5,3];
DEN = [1,6,11,6];
G = tf(NUM,DEN,'InputDelay',0.5)
```

在命令窗口显示的结果为：

G =

$$\exp(-0.5*s)* \frac{5s+3}{s\text{\textasciicircum}3+6s\text{\textasciicircum}2+11s+6}$$

Continuous-time transfer function.

G 表示含有时间延迟环节系统的传递函数仿真模型。

3.3.6　系统模型的属性

利用 MATLAB 可方便地获取系统模型的属性，例如：使用 properties（tf）可以显示 tf 的属性的完整列表，如表 3-7 所示，表中显示了使用 tf（）函数创建系统模型时所具有的全部属性。同样使用 properties（zpk）也可以显示 zpk 的属性的完整列表，这里不一一列举。

使用 tf（）、zpk（）函数生成的系统模型称为对象，可以用这个对象，通过"•"运算符访问表 3-7 所示的属性。

表 3-7　　　　　　　　　　　　　　　**tf 的属性列表**

序号	属性	序号	属性	序号	属性
1	num	7	Ts	13	OutputUnit
2	den	8	TimeUnit	14	OutputGroup
3	Variable	9	InputName	15	Name
4	ioDelay	10	InputUnit	16	Notes
5	InputDelay	11	InputGroup	17	UserData
6	OutputDelay	12	OutputName	18	amplingGrid

【例 3-8】 通过【例 3-7】已建立的延时模型 G，获取和修改延时模型的属性。

为了获得系统模型的输入延迟时间 InputDelay 的属性值，输入以下命令：

```
t = G.InputDelay
```

命令窗口显示的结果为：

```
t =
    0.5000
```

为了获得系统模型的传递函数分子系数 num 的属性值，输入以下命令：

```
numt = G.num{1,1}    % 分子 num 以元胞数组的形式存在
```

命令窗口显示的结果为：

```
numt =
     0   0   5   3
```

将输入延迟时间 InputDelay 的属性值修改为 1.0s，输入以下命令：

```
G.InputDelay = 1.0
```

命令窗口显示的结果为：

```
G =
```

$$\exp(-1*s) * \frac{5s + 3}{s\text{^}3 + 6s\text{^}2 + 11s + 6}$$

```
Continuous-time transfer function.
```

此处，G 表示修改输入延迟时间属性值后的传递函数仿真模型。

除了使用属性以外，也可以利用 [num，den] = tfdata（G，'v'）函数取出传递函数 G 的分子分母向量，注意参数'v'表明以行向量的形式表示。使用 [z，p，k] = zpkdata（G，'v'）可以取出传递函数 G 的零点向量、极点向量和增益。

要得到特定系统模型属性及其属性值的完整列表，可以使用函数 get（）。如将修改属性值后的系统模型 G 的属性及其属性值全部列出，在命令窗口输入：

```
get(G)
```

程序运行后，在命令窗口显示了所得延时系统模型的所有属性的列表为：

```
        num:{[0 0 5 3]}
        den:{[1 6 11 6]}
    Variable:'s'
     ioDelay:0
```

```
      InputDelay:1
     OutputDelay:0
             Ts:0
        TimeUnit:'seconds'
       InputName:{''}
       InputUnit:{''}
      InputGroup:[1×1 struct]
      OutputName:{''}
      OutputUnit:{''}
     OutputGroup:[1×1 struct]
            Name:''
           Notes:{}
        UserData:[]
    SamplingGrid:[1×1 struct]
```

3.4　系统模型的连接

由于系统并不总是具有简单的关系，有时是几个子系统的互联，才能构造出来。子系统的互联主要有串联、并联和反馈连接。针对系统的不同连接情况，可以进行模型的化简。

3.4.1　模型串联连接

两个线性模型串联如图 3-10 所示，整个系统的传递函数为 $G(s)=G1(s)*G2(s)$。

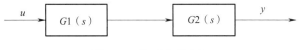

图 3-10　模型串联连接

在 MATLAB 中，用 series（）函数进行模型串联的运算，series（）函数的调用格式如表 3-8 所示。

表 3-8　　　　　　　　　　　　　　series（）函数调用格式

函数调用格式	说明
$G=series(G1,G2)$	$G1$、$G2$ 为系统传递函数，等效 $G(s)=G1(s)*G2(s)$

3.4.2　模型并联连接

两个线性模型并联如图 3-11 所示，整个系统的传递函数为 $G(s)=G1(s)+G2(s)$。

在 MATLAB 中，用 parallel（）函数进行模型并联的运算，parallel（）函数的调用格式如表 3-9 所示。

表 3-9	parallel () 函数的调用格式
函数调用格式	说明
$G = \text{parallel}(G1, G2)$	$G1$、$G2$ 系统传递函数,等效 $G(s) = G1(s) + G2(s)$

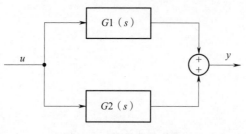

图 3-11　模型并联连接

3.4.3　模型反馈连接

两个线性模型反馈连接如图 3-12 所示。整个系统的传递函数为:正反馈连接 $G(s) = \dfrac{G1}{1 - G1 * G2}$,负反馈连接 $G(s) = \dfrac{G1}{1 + G1 * G2}$。

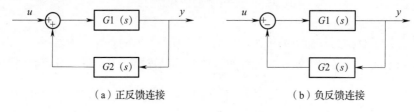

（a）正反馈连接　　　　　　　　　（b）负反馈连接

图 3-12　模型反馈连接

在 MATLAB 中,用 feedback () 函数进行模型反馈连接的运算,feedback () 函数的调用格式如表 3-10 所示。

表 3-10	反馈连接运算函数调用格式
函数调用格式	说明
$G = \text{feedback}(G1, G2, -1)$	负反馈连接,等效 sys = sys1/(1 + sys1 * sys2)
$G = \text{feedback}(G1, G2, 1)$	正反馈连接,等效 sys = sys1/(1 - sys1 * sys2)

【例 3-9】已知系统的传递函数:

$$G1(s) = \frac{1}{s^2 + 5s + 20}, G2(s) = \frac{2}{s + 10},$$

求 $G1$（s）和 $G2$（s）分别进行串联、并联和负反馈连接后的系统模型。

编写程序如下:

```
clear
num1 = 1;
```

```
den1 = [1 5 20];
G1 = tf(num1,den1);                % 得到 G1 模型
num2 = 2;
den2 = [1 10];
G2 = tf(num2,den2);                % 得到 G2 模型
Gs = G2 * G1;                      % 串联连接模型
Gs1 = series(G1,G2);               % 串联连接模型
Gp = G1 + G2;                      % 并联连接模型
Gp1 = parallel(G1,G2);             % 并联连接模型
Gf = feedback(G1,G2, - 1);         % 负反馈连接模型
Gf1 = G1/(1 + G1 * G2);            % 负反馈连接模型
Gf2 = minreal(Gf1)                 % 获得系统的最小实现模型
```

程序运行后，在命令窗口显示的结果为：

Gs =

$$\frac{2}{s^3 + 15s^2 + 70s + 200}$$

Continuous-time transfer function.

Gs1 =

$$\frac{2}{s^3 + 15s^2 + 70s + 200}$$

Continuous-time transfer function.

Gp =

$$\frac{2s^2 + 11s + 50}{s^3 + 15s^2 + 70s + 200}$$

Continuous-time transfer function.

Gp1 =

$$\frac{2s^2 + 11s + 50}{s^3 + 15s^2 + 70s + 200}$$

Continuous-time transfer function.

Gf =

$$\frac{s + 10}{s^3 + 15s^2 + 70s + 202}$$

Continuous-time transfer function.

Gf1 =

$$s\text{^}3 + 15s\text{^}2 + 70s + 200$$

$$s\text{^}5 + 20s\text{^}4 + 165s\text{^}3 + 852s\text{^}2 + 2410s + 4040$$

Continuous-time transfer function.

Gf2 =

$$s + 10$$

$$s\text{^}3 + 15s\text{^}2 + 70s + 202$$

Continuous-time transfer function.

Gs、Gs1 表示系统串联后的传递函数仿真模型，Gp、Gp1 表示系统并联后的传递函数仿真模型，Gf、Gf1 和 Gf2 表示系统负反馈连接后的传递函数仿真模型。

程序中 mineral () 函数为传递函数的最小实现，即对消掉相同的零极点。通过上述例子表明：系统串联、并联和反馈连接化简可由不同方式完成。

【例 3-10】已知多环系统框图如图 3-13 所示，各框图中的传递函数为 $G_1 = \dfrac{1}{s+10}$, $G_2 = \dfrac{1}{s+1}$, $G_3 = \dfrac{s+1}{s^2+4s+4}$, $G_4 = \dfrac{s+1}{s+6}$, $H_1 = \dfrac{s+1}{s+2}$, $H_2 = 2$, $H_3 = 1$。

通过系统模型连接函数，用 MATLAB 建立化简后的系统总模型。

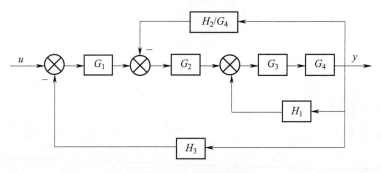

图 3-13　多环系统框图

根据模型中的连接关系，编写的 MATLAB 如下：

```
G1 = tf(1,[1 10]);G2 = tf(1,[1 1]);
G3 = tf([1 1],[1 4 4]);G4 = tf([1  1],[1  6]);
H1 = tf([1  1],[1  2]);H2 = 2;H3 = 1;
P1 = minreal(G3 * G4/(1 - H1 * G3 * G4));
P2 = minreal(G2 * P1/(1 + G2 * P1 * H2/G4));
P3 = feedback(G1 * P2,H3, - 1)
```

程序运行后，在命令窗口显示的结果为：

Transfer function :

$$s^2 + 3s + 2$$

$$s^5 + 21s^4 + 157s^3 + 564s^2 + 1004s + 712$$

注意：系统中往往同时含有不同的连接方式。在化简时需正确使用不同的 MATLAB 化简函数。如果系统连接更复杂的话，可能需要首先进行节点的前移或后移，或者分支点的前移或后移，然后再进行系统化简。

3.5　机电系统仿真建模举例

3.5.1　半定系统建模

在多自由度振动系统中，若系统质量矩阵 {M} 是正定的，刚度矩阵 {K} 是半正定的，则称这种振动系统为半定系统。半定系统是一种约束不充分，而存在刚体运动的系统，如图 3-14 所示。

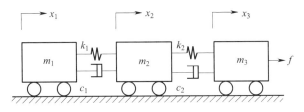

图 3-14　半定系统

以下分析如何使用 MATLAB 求解如图 3-14 所示的半定系统，其中以 m_3 的位移 x_3 为输出，以作用在 m_3 上的力 f 为输入的系统传递函数。

（1）建立系统的数学模型

分别以各个小车为研究对象，根据牛顿第二定律，该系统的动力学方程表示为：

$$\begin{cases} m_1 x_1'' = k_1(x_2 - x_1) + c_1(x_2' - x_1') \\ m_2 x_2'' = k_2(x_3 - x_2) + c_2(x_3' - x_2') - k_1(x_2 - x_1) - c_1(x_2' - x_1') \\ m_3 x_3'' = f - k_2(x_3 - x_2) - c_2(x_3' - x_2') \end{cases} \tag{3-32}$$

（2）建立状态空间表达式数学模型

对于该系统，用物体的位移和速度作为状态变量。设状态向量 z 分别对应质量块 m_1 的位移 x_1 和速度 x_1'、质量块 m_2 的位移 x_2 和速度 x_2'、质量块 m_3 的位移 x_3 和速度 x_3'。则状态向量 z 如下：

$$z = \begin{bmatrix} z_1 \\ z_2 \\ z_3 \\ z_4 \\ z_5 \\ z_6 \end{bmatrix} = \begin{bmatrix} x_1 \\ \dot{x}_1 \\ x_2 \\ \dot{x}_2 \\ x_3 \\ \dot{x}_3 \end{bmatrix} \tag{3-33}$$

根据式（3-32）的数学推导，当将各状态向量 z 对时间求导（微分），可以将系统整理为各状态向量的一阶微分方程组：

$$
\begin{cases}
\dot{z}_1 = \dot{x}_1 = z_2 \\
\dot{z}_2 = \ddot{x}_1 = \dfrac{1}{m_1}(-k_1 z_1 - c_1 z_2 + k_1 z_3 + c_1 z_4) \\
\dot{z}_3 = \dot{x}_2 = z_4 \\
\dot{z}_4 = \ddot{x}_2 = \dfrac{1}{m_2}[k_1 z_1 + c_1 z_2 - (k_1 + k_2) z_3 - (c_1 + c_2) z_4 + k_2 z_5 + c_2 z_6] \\
\dot{z}_5 = \dot{x}_3 = z_6 \\
\dot{z}_6 = \dfrac{1}{m_3}(k_2 z_3 + c_2 z_4 - k_2 z_5 - c_2 z_6 + f)
\end{cases}
\tag{3-34}
$$

式（3-34）是一个线性系统，该系统状态方程的矩阵形式表示为：

$$z' = Az + Bf \tag{3-35}$$

式中　A——状态矩阵；

　　　B——输入矩阵；

　　　f——输入向量。

$$
A = \begin{bmatrix}
0 & 1 & 0 & 0 & 0 & 0 \\
-\dfrac{k_1}{m_1} & -\dfrac{c_1}{m_1} & \dfrac{k_1}{m_1} & \dfrac{c_1}{m_1} & 0 & 0 \\
0 & 0 & 1 & 0 & 0 & 0 \\
\dfrac{k_1}{m_2} & \dfrac{c_1}{m_2} & -\dfrac{k_1 + k_2}{m_2} & -\dfrac{c_1 + c_2}{m_2} & \dfrac{k_2}{m_2} & \dfrac{c_2}{m_2} \\
0 & 0 & 0 & 0 & 1 & 0 \\
0 & 0 & \dfrac{k_2}{m_3} & \dfrac{c_2}{m_3} & -\dfrac{k_2}{m_3} & -\dfrac{c_2}{m_3}
\end{bmatrix}, \quad
B = \begin{bmatrix}
0 \\ 0 \\ 0 \\ 0 \\ 0 \\ \dfrac{1}{m_3}
\end{bmatrix}
\tag{3-36}
$$

根据式（3-33），质量块 m_3 的位移输出为 x_3，即状态 z_5 作为系统的输出，则输出方程的矩阵形式表示为：

$$x = Cz + Df \tag{3-37}$$

式中　C——输出矩阵；

　　　D——传递矩阵；

　　　x——输出向量。

$C = (0 \ \ 0 \ \ 0 \ \ 0 \ \ 1 \ \ 0)$，　$D = 0$。

（3）建立 MATLAB 的系统仿真模型

① 编写系统仿真模型的 M 函数文件 modelm. m，函数的调用参数向量 sysp 为系统的质量、弹簧刚度、阻尼值。M 函数文件如下：

```
function [sysm] = modelm(sysp)
    m1 = sysp(1);
    m2 = sysp(2);
    m3 = sysp(3);
    k1 = sysp(4);
```

```
k2 = sysp(5);
c1 = sysp(6);
c2 = sysp(7);
A = [0,1,0,0,0,0;
     - k1/m1, - c1/m1,k1/m1,c1/m1,0,0;
     0,0,0,1,0,0;
     k1/m2,c1/m2, - (k1 + k2)/m2, - (c1 + c2)/m2,k2/m2,c2/m2;
     0,0,0,0,0,1;
     0,0,k2/m3,c2/m3, - k2/m3, - c2/m3];
B = [0 0 0 0 0 1/m3]';
C = [0 0 0 0 1 0];
D = 0;
G1 = ss(A,B,C,D);
sysm = zpk(G1);
```

② 调用模型，给出系统的参数值，用于实际系统的仿真。

设 $m_1 = 21$ kg，$m_2 = 9$ kg，$m_3 = 15$ kg，$k_1 = 1000$ N/m，$k_2 = 400$ N/m，$c_1 = c_2 = 0$，运行以下命令调用 modelm（）：

```
sysp = [21.0,9.0,15.0,1000.0,400.0,0.00,0.00];
sys = modelm(sysp)
```

即可求出该系统的模型：

```
sys =
    0.066667(s^2 + 11.01)(s^2 + 192.2)
  ----------------------------------
    s^2(s^2 + 32.11)(s^2 + 197.7)
Continuous-time zero/pole/gain model.
```

3.5.2　机械加速度计建模

机械加速度计是以牛顿惯性定律为理论基础的惯性器件，可用于检测机械运动物体的加速度。加速度计的分类方法很多，按检测质量的支撑方式有：扭摆式加速度计、悬臂梁式加速度计、弹簧支撑式加速度计；按信号检测的方式有：电容式加速度计、电阻式加速度计、电流式加速度计、热对流式加速度计、隧道电流式加速度计等。

如图 3-15 所示为弹簧支撑式加速度计的工作原理图。加速度计的工作原理是：当有加速度输入时，质量块由于惯性力作用而发生位移，位移变化量与输入加速度的大小有确定的对应关系。

建立加速度计输出位移与运动物体所受合力之间的动力学关系的建模过程如下：

（1）建立加速度计系统动力学方程

将加速度计等效为单自由度质量弹簧阻尼系统，如图 3-16 所示。x 为加速度计壳体相对于地面的位移，y 为质量块 m 相对于加速度计壳体的位移，对质量块 m 进行受力分析，质量块 m 所受外力为弹簧弹力和阻尼器阻力，根据牛顿第二定律，该质量块 m 的动力学方程表示为：

$$-c\frac{\mathrm{d}y}{\mathrm{d}t}-ky=m\frac{\mathrm{d}^2}{\mathrm{d}t^2}(y+x) \tag{3-38}$$

整理后，为：

$$my''+cy'+ky=-mx'' \tag{3-39}$$

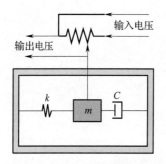

图 3-15 机械加速度计工作原理图　　图 3-16 机械加速度计模型图

（2）建立被测物体 M 系统动力学方程

当将加速度计安放在被测物体 M 上，如图 3-17 所示，被测物体的加速度与加速度计的测量结果一致。一般加速度计的质量远小于被测运动物体的质量，对被测物体的运动影响可以忽略不计，在外力 f 作用下，根据牛顿第二定律，该被测物体 M 的动力学方程表示为：

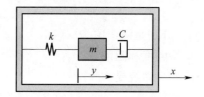

图 3-17 被测物体的受力图

$$f=Mx'' \tag{3-40}$$

（3）通过加速度计求被测物体 M 所受外力

联合式（3-39）和式（3-40），通过加速度计的测量，最终被测物体 M 受力与加速度计位移的微分方程为：

$$my''+cy'+ky=-\frac{m}{M}f \tag{3-41}$$

（4）建立系统的传递函数

应用拉普拉斯变换，整理后，得到系统的传递函数如下：

$$\frac{Y(s)}{F(s)}=\frac{-\dfrac{1}{M}}{s^2+\dfrac{c}{m}s+\dfrac{k}{m}} \tag{3-42}$$

（5）建立 MATLAB 的系统仿真模型

设 $a_0=c/m=3$、$a_1=k/m=2$、$b=1/M=3$，系统的模型建立如下：

```
b = 3;
a0 = 3;
```

```
a1 = 2;
sys = tf( - b,[1,a0,a1])
```

程序运行后，得该系统的 MATLAB 的模型为：

sys =

$$- 3$$

$$s\text{^}2 + 3s + 2$$

3.5.3　多输入多输出系统建模

多输入多输出（multi-input-multi-output，MIMO）系统如图 3-18 所示。系统由两个质量块和 3 组弹簧阻尼器组成。$u_1(t)$ 和 $u_2(t)$ 分别是两个质量块所受的外力，$x_1(t)$ 和 $x_2(t)$ 分别是两个质量块的位移。m_1、m_2、k_1、k_2、k_3、c_1、c_2、c_3 分别对应图中的质量、弹簧刚度和阻尼系数。

下面建立系统受力运动时位移随时间变化的模型。

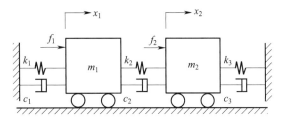

图 3-18　多输入多输出系统

（1）建立系统的数学模型

对两个质量块分别进行受力分析。

根据牛顿第二定律，质量块 m_1 的动力学方程表示为：

$$f_1 - k_1 x_1 - c_1 x_1' - k_2(x_1 - x_2) - c_2(x_1' - x_2') = m_1 x_1'' \tag{3-43}$$

整理得到：
$$f_1 - (k_1 + k_2) x_1 - (c_1 + c_2) x_1' - k_2 x_2 + c_2 x_2' = m_1 x_1'' \tag{3-44}$$

同理，质量块 m_2 的动力学方程表示为：

$$f_2 - k_2(x_1 - x_2) - c_2(x_1' - x_2') - k_3 x_2 - c_3 x_2' = m_2 x_2'' \tag{3-45}$$

整理得到：
$$f_2 + k_2 x_1 - c_2 x_1' - (k_2 + k_3) x_2 - (c_2 + c_3) x_2' = m_2 x_2'' \tag{3-46}$$

（2）建立状态空间表达式的数学模型

对于该系统，用质量块的位移和速度作为状态变量。设状态向量 z 分别对应质量块 m_1 的位移 x_1 和速度 x_1'、质量块 m_2 的位移 x_2 和速度 x_2'。

$$z = \begin{bmatrix} z_1 \\ z_2 \\ z_3 \\ z_4 \end{bmatrix} = \begin{bmatrix} x_1 \\ x_1' \\ x_2 \\ x_2' \end{bmatrix} \tag{3-47}$$

根据式（3-44）、式（3-46）和式（3-47）的数学推导，当将各状态向量 z 对时间求导

（微分），可以将系统整理为各状态向量的一阶微分方程组：

$$\begin{cases} z_1' = z_2 \\ z_2' = \dfrac{1}{m_1}(-(k_1+k_2)z_1 - (c_1+c_2)z_2 + k_2 z_3 + c_2 z_4 + f_1) \\ z_3' = z_4 \\ z_4' = \dfrac{1}{m_2}(k_2 z_1 + c_2 z_2 - (k_2+k_3)z_3 - (c_2+c_3)z_4 + f_2) \end{cases} \tag{3-48}$$

式（3-48）是一个线性系统，该系统的状态方程的矩阵形式表示为：

$$z' = \boldsymbol{A}z + \boldsymbol{B}f \tag{3-49}$$

式中　$\boldsymbol{A}$——状态矩阵；

　　　$\boldsymbol{B}$——输入矩阵；

　　　f——输入向量。

$$\boldsymbol{A} = \begin{bmatrix} 0 & 1 & 0 & 0 \\ -\dfrac{k_1+k_2}{m_1} & -\dfrac{c_1+c_2}{m_1} & \dfrac{k_2}{m_1} & \dfrac{c_2}{m_1} \\ 0 & 0 & 0 & 1 \\ \dfrac{k_2}{m_2} & \dfrac{c_2}{m_2} & -\dfrac{k_2+k_3}{m_2} & -\dfrac{c_2+c_3}{m_2} \end{bmatrix}, \quad \boldsymbol{B} = \begin{bmatrix} 0 & 0 \\ 1 & 0 \\ 0 & 0 \\ 0 & 1 \end{bmatrix}, \quad f = \begin{bmatrix} f_1 \\ f_2 \end{bmatrix} \tag{3-50}$$

根据式（3-47），两个质量块的位移 x_1 和 x_2 的输出，亦即 z_1 和 z_3 两个状态作为系统的输出，则输出方程的矩阵形式表示为：

$$x = \boldsymbol{C}z + \boldsymbol{D}u \tag{3-51}$$

式中　$\boldsymbol{C}$——输出矩阵；

　　　$\boldsymbol{D}$——传递矩阵；

　　　x——输出向量。

$$x = \begin{bmatrix} x_1 \\ x_2 \end{bmatrix}, \quad \boldsymbol{C} = \begin{bmatrix} 1 & 0 & 0 & 0 \\ 0 & 0 & 1 & 0 \end{bmatrix}, \quad \boldsymbol{D} = \begin{bmatrix} 0 & 0 & 0 & 0 \\ 0 & 0 & 0 & 0 \end{bmatrix} \tag{3-52}$$

以上，使用状态空间表达式对系统完成数学建模的描述。

(3) 建立 MATLAB 的仿真模型

对给定的系统，在 MATLAB 中，建立上述矩阵 $\boldsymbol{A}$、$\boldsymbol{B}$、$\boldsymbol{C}$ 和 $\boldsymbol{D}$，在计算机内创建该系统状态空间表达式模型。

设系统 $m_1 = 5$ kg，$m_2 = 5$ kg，$k_1 = 100$ N/m，$k_2 = 100$ N/m，$c_1 = c_2 = 0.1$，建立系统的模型程序如下：

```
m1 = 5;m2 = 5;k1 = 100;k2 = 100;k3 = 100;c1 = 0.1;c2 = 0.1;c3 = 0.1;
A = [0,1,0,0;
    - (k1 + k2)/m1, - (c1 + c2)/m1,k2/m1,c2/m1;
    0,0,0,1;
    k2/m2,c2/m2, - (k2 + k3)/m2, - (c3 + c3)/m2];
B = [0 1 0 0;0 0 0 1]';
C = [1 0 0 0;
    0 0 1 0];
```

```
D = 0;
G1 = ss(A,B,C,D);
sysm = tf(G1)
```

程序运行后，即可得到该系统的仿真模型：

sysm =

From input 1 to output...

$$s\textasciicircum2 + 0.04s + 40$$

1： -------------------------------------

$$s\textasciicircum4 + 0.08s\textasciicircum3 + 80s\textasciicircum2 + 2.4s + 1200$$

$$0.02s + 20$$

2： -------------------------------------

$$s\textasciicircum4 + 0.08s\textasciicircum3 + 80s\textasciicircum2 + 2.4s + 1200$$

From input 2 to output...

$$0.02s + 20$$

1： -------------------------------------

$$s\textasciicircum4 + 0.08s\textasciicircum3 + 80s\textasciicircum2 + 2.4s + 1200$$

$$s\textasciicircum2 + 0.04s + 40$$

2： -------------------------------------

$$s\textasciicircum4 + 0.08s\textasciicircum3 + 80s\textasciicircum2 + 2.4s + 1200$$

Continuous-time transfer function.

上述模型对应两个输入和两个输出。

【From input 1 to output】下的模型 1 代表 m_1 的输出 x_1 对输入 f_1 的传递函数，模型 2 代表 m_2 的输出 x_2 对输入 f_1 的传递函数。

【From input 2 to output】下的模型 1 代表 m_1 的输出 x_1 对输入 f_2 的传递函数，模型 2 代表 m_2 的输出 x_2 对输入 f_2 的传递函数。

习　　题

1. 已知某控制系统的微分方程为：

$$\mathrm{d}^2 y + 2.5\frac{\mathrm{d}y}{\mathrm{d}t} + 6y = 2\frac{\mathrm{d}u}{\mathrm{d}t} + 10u$$

将其分别用传递函数、一阶微分方程组和状态空间表达式来描述。

2. 将以下系统状态空间表达式用 MATLAB 语言表达出来。

$$X' = \begin{pmatrix} 3 & 2 & 1 \\ 0 & 4 & 6 \end{pmatrix} X + \begin{pmatrix} 1 \\ 2 \\ 3 \end{pmatrix} u, \quad y = (1\ 2\ 5)X$$

将其分别用传递函数、一阶微分方程组和状态空间表达式来描述。

3. 试用 MATLAB 语言表示如图 3-19 所示的系统。当分别以 x_2 和 f 为系统输出、输入时的传递函数模型和状态空间表达式模型（图 3-19 中 $k = 7$ N/m，$c_1 = 0.5$ N/m・s，

$c_2 = 0.2$ N/m·s，$m_1 = 3.5$ kg，$m_2 = 5.6$ kg）。

4. 试用 MATLAB 语言分别表示如图 3-20 所示系统质量 m_1、m_2 的位移 x_1、x_2 对输入 f 的传递函数 $X_2(s)/F(s)$ 和 $X_1(s)/F(s)$，其中 $m_1 = 12$ kg，$m_2 = 38$ kg，$k = 1000$ N/m，$c = 0.1$ N/m·s。

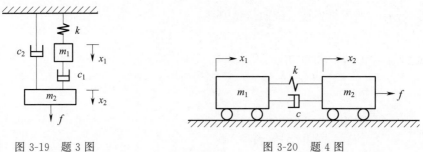

图 3-19 题 3 图   图 3-20 题 4 图

5. 如图 3-21 所示，已知 $G(s)$ 和 $H(s)$ 两方框对应的微分方程是：$6\dfrac{\mathrm{d}y(t)}{\mathrm{d}t} + 10y(t) = 20e(t)$，$20\dfrac{\mathrm{d}b(t)}{\mathrm{d}t} + 5b(t) = 10y(t)$，且初始条件为零。试求传递函数 $Y(s)/R(s)$ 及 $E(s)/R(s)$。

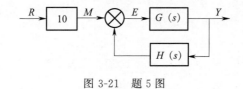

图 3-21 题 5 图

第4章 系统时间响应及其仿真

动态系统的时间响应是指系统在输入信号或初始状态作用下，系统输出随时间变化的情况。MATLAB 可以实现线性系统的时域分析，它不仅可以处理连续系统，也可以处理离散系统。

MATLAB 仿真是用计算机程序来实现动态响应的。本章简单介绍数值积分基本方法及算法的应用；重点介绍进行时间响应仿真所涉及的 MATLAB 的一些主要函数，包括微分方程组的求解函数、传递函数的时间响应函数；对离散时间系统、采样控制系统的时间响应也进行了说明。

4.1 连续系统的仿真方法

系统的时间响应仿真是利用实际系统的仿真模型分析系统的运行状态，在计算机上进行试验研究的过程。系统的时间响应仿真的核心是对系统问题求解数值解，了解数值积分方法对仿真过程有一定的帮助。

4.1.1 数值积分的基本方法

实际工程中很多问题的数学模型都是常微分方程，都可以归结为常微分方程的定解问题。但在许多情况下，方程的解析解表达复杂，进行相关的计算较困难；或者方程的解析解难求，有时甚至是行不通的。因此，通常为了避免求解析解而直接采用求解相应的数值解。

数值积分法是求定积分的近似值的数值方法，是计算机仿真中常用的一种方法。

下面通过求解一阶常微分方程初值在区间 $[a, b]$ 上的解为例，了解数值积分方法。

已知一阶常微分方程及初值：
$$\begin{cases} \dfrac{\mathrm{d}y}{\mathrm{d}t} = f(t, y(t)) & a \leqslant t \leqslant b \\ y(t_0) = y_0 \end{cases} \tag{4-1}$$

对式 (4-1) 两边积分，则：
$$y(t) = y(t_0) + \int_{t_0}^{t} f(t, y(t)) \mathrm{d}t \qquad a \leqslant t \leqslant b \tag{4-2}$$

数值积分法是寻求初值问题式 (4-2) 的解在一系列离散点 $t_0, t_1, \cdots, t_{k+1}$ 的近似解 $y_0, y_1, \cdots, y_{k+1}$（即数值解）的方法。相邻两个离散点的间距 $h = t_{k+1} - t_k$ 称为积分步长或计算步长。

在 $t = t_0, t_1, \cdots, t_{k+1}$ 时式 (4-2) 用差分方程表示为：
$$\begin{aligned} y(t_{k+1}) &= y(t_0) + \int_{t_0}^{t_{k+1}} f(t, y) \mathrm{d}t \\ &= y(t_k) + \int_{t_k}^{t_{k+1}} f(t, y) \mathrm{d}t \end{aligned} \tag{4-3}$$

令
$$Q_k = \int_{t_k}^{t_{k+1}} f(t, y) \mathrm{d}t \tag{4-4}$$

则
$$y(t_{k+1}) = y(t_k) + Q_k \tag{4-5}$$

或表示为：
$$y_{k+1} = y_k + Q_k \tag{4-6}$$

式（4-5）或式（4-6）在计算过程中，为避免式中积分项的计算，可将 y 在 t_k 以 h 为增量展开成泰勒级数：

$$y_{k+1} = y_k + y'h \Big|_k + \frac{1}{2!}y^{(2)}h^2\Big|_k + \frac{1}{3!}y^{(3)}h^3\Big|_k + \cdots \quad (k=0,1,2\cdots,N) \tag{4-7}$$

根据已知的初值 y_0，可逐步递推算出以后各时刻的数值 y_k。采用不同的递推算法，就出现了各种各样的数值积分法（数值解法）。

先了解一下欧拉法和梯形法，其他的四阶龙格－库塔法、Gear 法等可参考相关书籍。

（1）欧拉法

在式（4-7）中取前两项：

$$y_{k+1} = y_k + h \cdot y'_k \tag{4-8}$$

即可得欧拉法：

$$\begin{cases} y_1 = y_0 + y'h \Big|_{y_0}^{t_0} = y_0 + f(t_0, y_0) h \\ y_2 = y_1 + f(t_1, y_1) h \\ \cdots \\ y_{k+1} = y_k + f(t_k, y_k) h \end{cases} \tag{4-9}$$

式（4-8）为前向欧拉法的递推公式，又称作显式欧拉法递推公式。只要给出初始值 y_0，就能一步一步地计算出 $y(t)$ 在任意时间点的近似值。我们称这种递推公式为自启动起步递推公式。

从积分的几何意义上，前向欧拉法是用矩形面积近似曲面面积，如图 4-1 所示。

$$y_{k+1} = y_k + h \cdot y'_{k+1} \tag{4-10}$$

式（4-10）为后向欧拉法的递推公式，又称作隐式欧拉法递推公式。该递推公式也是自启动起步的递推公式。

欧拉法也称一阶龙格－库塔法，欧拉法计算方法简单，计算量小，但计算精度较低，很少使用。

（2）梯形法

梯形法用梯形代替矩形来近似曲面面积，提高了计算精度，改进了欧拉法。梯形法的几何意义如图 4-2 所示。梯形法也称二阶龙格－库塔法。

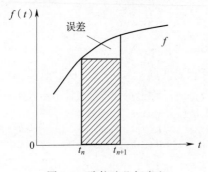

图 4-1　欧拉法几何意义

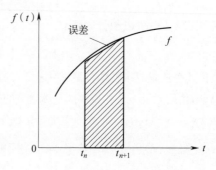

图 4-2　梯形法几何意义

梯形法如下：

$$y_{k+1} = y_k + \frac{1}{2}h\big[f(t_k,y_k) + f(t_{k+1},y_{k+1})\big] \tag{4-11}$$

递推公式（4-11）中隐含有未知量 y_{k+1}，而 y_{k+1} 不能预先知道，故梯形法需要和欧拉法结合使用，一般用欧拉法进行预估，见式（4-12）；采用梯形法进行校正，见式（4-13）。

$$y_{k+1}^{(i)} \approx y_k + h \cdot f(t_k, y_k) \tag{4-12}$$

$$y_{k+1}^{(i+1)} \approx y_k + \frac{1}{2}h\left[f(t_k, y_k) + f(t_{k+1}, y_{k+1}^{(i)})\right] \tag{4-13}$$

然后，通过反复迭代，直到满足误差 ε 要求为止，即：

$$\left| y_{k+1}^{(i+1)} - y_{k+1}^{(i)} \right| \leqslant \varepsilon \tag{4-14}$$

梯形法属于隐式递推公式，也是自启动起步的递推公式。

数值积分的算法，四阶龙格－库塔法的计算精度最高，梯形法次之，欧拉法精度最低。

4.1.2　数值积分法的仿真应用

MATLAB 具有对应不同数学模型的仿真函数。在了解仿真函数前，通过对一些应用数值积分法所编写的仿真程序，了解仿真程序的设计思想、结构和功能，为熟练使用仿真函数奠定基础。

为了便于说明问题的实质，用实际的例题来进行讨论说明。

【例 4-1】设系统方程为：$y'(t) + y^2(t) = 0$，初值：$y(0) = 1$。

要求根据前向欧拉法递推公式，在仿真步长 $h = 0.1$，仿真时间 $0 \leqslant t \leqslant 1$ 情况下，求 $y = ?$

【解】首先应将系统方程变换为：$y'(t) = -y^2(t)$

根据前向欧拉法得到递推公式为：$y_{k+1} = y_k + hy'_k = y_k - hy_k^2 = y_k(1 - hy_k)$

在上式中，代入仿真步长 $h = 0.1$，迭代到 $t = 1$，数值解的迭代过程如下：

$t_0 = 0,\qquad y_0 = 1$

$t_1 = 0.1,\qquad y_1 = y_0(1 - 0.1y_0) = 1 - 0.1 = 0.9$

$t_2 = 0.2,\qquad y_2 = y_1(1 - 0.1y_1) = 0.9 \times 0.91 = 0.819$

$t_3 = 0.3,\qquad y_3 = y_2(1 - 0.1y_2) = 0.819 \times 0.9181 = 0.7519$

$\vdots \qquad\qquad \vdots$

$t_{10} = 1,\qquad y_{10} = y_9(1 - 0.1y_9) = 0.4817$

现应用 MATLAB 语言编写程序进行仿真，编写的程序如下：

```
h = 0.1;                    %仿真步长
Tf = 1;                     %仿真时间
t = 0;                      %初始时间
y0 = 1;                     %迭代初值
y = 1;                      %数值解初值
m = Tf/h;                   %迭代次数
for i = 1:m
   y(i + 1) = y0 * (1 - h*y0);   % y 的数值解
   y0 = y(i + 1);                % y 的下次迭代初值
   t = [t,t(i) + h];             %保存仿真时间
```

```
    y = [y,y(i + 1)];          %保存仿真输出
  end
  t1 = t(1:m + 1)              %取出仿真步长
  y1 = y(1:m + 1)              %取出数值计算结果
  plot(t1,y1);
  t2 = t(1:4)                  %显示前 4 项仿真步长
  y2 = y(1:4)                  %显示前 4 项数值计算结果
  grid on
```

运行程序后的数值解随时间变化的曲线如图 4-3 所示。

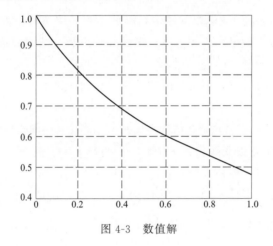

图 4-3　数值解

运行程序后，前 4 步数值积分的结果如下所示：

$t =$

  0 0.1000 0.2000 0.3000

$y =$

  1.0000 0.9000 0.8190 0.7519

而对于该系统的方程解析解是 $y(t) = \dfrac{1}{1+t}$，在 $t = 0$、0.1、0.2、0.3 时，$y(t)$ 分别为 $y(0) = 1$、$y(0.1) = 0.9091$、$y(0.2) = 0.883$、$y(0.3) = 0.7692$。

从上述分析可以看出，采用欧拉法的数值解与解析解存在着一定的计算误差。

【例 4-2】已知用状态空间方程表示的二阶系统如下：

$$\begin{bmatrix} \dot{z}_1 \\ \dot{z}_2 \end{bmatrix} = \begin{bmatrix} -0.5572 & -0.7814 \\ 0.7814 & 0 \end{bmatrix} \begin{bmatrix} z_1 \\ z_2 \end{bmatrix} + \begin{bmatrix} 1 \\ 0 \end{bmatrix} u$$

$$y = \begin{bmatrix} 1.9691 & 6.4493 \end{bmatrix} \begin{bmatrix} z_1 \\ z_2 \end{bmatrix} + \begin{bmatrix} 0 \end{bmatrix} u$$

根据前向欧拉法递推公式，应用 MATLAB 语言编写相应的仿真程序。设计时，仿真步长取 $h = 0.01$，初值均为零，输入为阶跃信号，取 $u = 20$，研究系统 25s 的动态过程。

【解】根据要求，采用 MATLAB 语言编写仿真程序，程序如下：

```
h = 0.01;          % 仿真步长
Tf = 25;           % 仿真时间
t = 0;             % 初始时间
z10 = 0;           % z₁ 状态初值
z20 = 0;           % z₂ 状态初值
y = 0;             % 输出初值
u = 20;            % 阶跃输入
m = fix(Tf/h);     % 迭代次数
for i = 1:m
    z1(i) = z10 + h * ( - 0.5572 * z10 - 0.7814 * z20 + u);    % z₁的数值解
    z2(i) = z20 + 0.7814 * h * z10;                            % z₂的数值解
    y(i + 1) = 1.9691 * z1(i) + 6.4493 * z2(i);
    z10 = z1(i);                                               % z₁的下次迭代初值
    z20 = z2(i);                                               % z₂的下次迭代初值
    t = [t,t(i) + h];                                          % 保存仿真时间
    y = [y,y(i + 1)];                                          % 保存仿真输出
end
y(m + 2) = [];                                                 % 裁剪最后一个数
plot(t,y)                                                      % 绘制仿真图形
grid
```

程序运行后的结果如图 4-4 所示。

当取仿真步长 $h = 0.5$、0.7、0.9 时，其仿真结果如图 4-5 所示。从仿真图上可以发现：在其他参数保持不变的情况下，随着仿真步长的加大，系统的阶跃响应开始趋于发散。

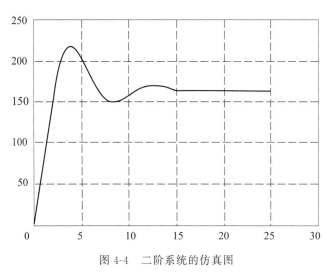

图 4-4　二阶系统的仿真图

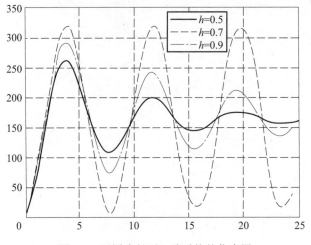

图 4-5　不同步长下二阶系统的仿真图

4.1.3　数值积分方法的选择

关于数值积分算法的介绍中，涉及几个概念，现简单加以说明。

①　单步法和多步法。单步法计算 y_{k+1} 值只需利用 t_k 时刻的 y_k 的数据，也称为自启动算法；多步法在计算 y_{k+1} 值时，则需利用 t_k、t_{k-1}、……时刻的 y 的数据。

②　显式法和隐式法。显式法在计算 y_{k+1} 时所需数据均已算出；隐式法在计算 y_{k+1} 时需用到 t_{k+1} 时刻的数据，该算法必须借助预估公式。

③　定步长和变步长。定步长是指积分步长在仿真运行过程中始终不变；变步长指在仿真运行过程中自动修改步长。

④　舍入误差和局部截断误差。由于计算机字长是有限的而造成的计算时的误差称为舍入误差。舍入误差与计算步长 h 成反比，步长越小，计算次数就越多，舍入误差就越大。局部截断误差是由积分方法和阶次的限制而引起的误差，这种误差与步长 h 成正比。

⑤　数值稳定性。所谓稳定性问题就是指误差的积累是否受到控制的问题。一般，如果计算结果对初始数据的误差以及计算过程的舍入误差不敏感的话，就说明相应的计算方法是稳定的，否则称之为不稳定。

不同的积分方法对求解的精度、速度和数值稳定性等都有不同的影响。通常在选择积分方法时，要保证数值积分的稳定性和精度，在此前提下尽可能选择较大的积分步长，以减少仿真计算次数和仿真时间。

在精度要求方面，一般积分方法的阶数越高，截断误差越小，精度越高；步长越小，精度越高；多步法的精度高于单步法；隐式算法的精度高于显式算法。

误差方面要综合考虑舍入误差和局部截断误差，步长太大，则会导致较大的截断误差，甚至会出现数值解的不稳定现象；步长太小，又势必增加计算次数，无形中造成舍入误差的积累。总之，步长既不能太大也不能太小，选择一个合理的积分步长可使综合误差达到最小，如图 4-6 所示。

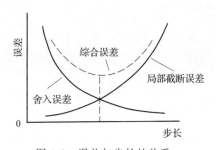

图 4-6　误差与步长的关系

4.2　系统时间响应的仿真函数

利用数值积分法，通过 MATLAB 编程进行仿真，可以得到数值解，实现系统的时间响应仿真。但是通过编程求解数值解，需要理解数值积分的算法并掌握编程的技巧，比较复杂、难度大。为了避开编程细节和把精力集中在系统仿真上，MATLAB 提供了更加方便、简单的仿真函数，使用时遵循规定的格式直接调用即可，不用熟悉函数的内部细节。

4.2.1　求解微分方程组的仿真函数

在求解常系数微分方程（ordinary differential equation，简写为 ODE）或微分方程组的数值解方面，MATLAB 提供了丰富的函数，其一般的格式为：

$$[T，Y] = solver（' fun '，tspan，y0，options）$$

该函数表示在区间 tspan＝［t0，tfinal］上，用初始条件 y0 求解显式常微分方程。其中' fun '为常微分方程（组）或系统模型的文件名；tspan＝［t0，tfinal］即积分时间初值和终值；y0 是积分初值；T 为计算时间点的时间向量；Y 为相应计算时间点的微分方程解；options 为可选项，可采用默认值。solver 为数值积分法求解微分方程的函数，各种求解函数及特点如表 4-1 所示。

表 4-1 　　　　　　　　　　　**数值积分法求解微分方程的函数及特点**

求解函数	特点、适用对象
ode45	单步、显式、变步长 RK－45 算法，也是最常用的，用于求解非刚性微分方程；对于大多数问题都能获得满意解
ode23	单步、显式、变步长 RK－23 算法，适用于求解非刚性微分方程；在允许计算误差较大和解具有轻微刚性方程时，效果比 ode45 更好
ode113	多步法，Adams 算法，用于求解非刚性方程；在允许误差较严格的场合，它比 ode45 更有效
ode15s	多步法，反向数值积分法，用于求解刚性方程
ode23s	单步法，二阶 Rosebrock 算法，在计算精度要求不高的场合，比 odel5s 更有效
ode23t	梯形算法，适用于求解中等刚性微分方程，并要求解无数值衰减的情况
ode23tb	隐式 RK 法，其第一阶段采用梯形法，第二阶段采用二阶 BDF 公式

在求解过程中，有时需要对求解算法和控制条件进行进一步设置，可以通过求解过程中的 options 变量进行修改。options 是一个结构体类型的变量，options 需要用 odeset（）函数来进行赋值。

options＝odeset（' Name1 '，Value1，' Name2 '，Value2,…）

控制参数' Name1 '，' Name2 ',…的属性值通过 Value1，Value2,…来设定。常用的控制参数有：RelTol，为相对容许上限，默认 0.001；AbsTol，为一个向量，其分量表示每个状态变量允许的绝对误差，其默认值为 10^{-6}。

【例 4-3】 求解常微分方程 $y' = -2y + 2x^2 + 2x$，初值条件 $y（0）=1$，在区间 $0 \leqslant x \leqslant 0.5$

上的数值解。

可将微分方程用匿名函数表示，求解微分方程数值解的编程如下：

```
fun = @(x,y) - 2 * y + 2 * x * x + 2 * x;
[x,y] = ode45(fun,[0,0.5],1);
plot(x,y);
xlabel('x');
ylabel('y');
title('数值解');                          % 标注图名
```

运行程序后，数值解的图形如图 4-7 所示。

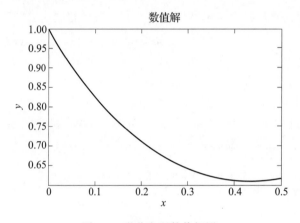

图 4-7　微分方程数值解图

【例 4-4】已知某系统微分方程及初始条件为：

$$\begin{cases} y'_1 = y_2 y_3 \\ y'_2 = - y_1 y_3 \\ y'_3 = -2 y_1 y_2 \end{cases}$$

$y_1(0) = 0, y_2(0) = 0.5, y_3(0) = -0.5$。

设置相对容许上限 RelTol 为 10^{-4}，每个状态变量允许的绝对误差 AbsTol 为 $[10^{-4},$ $10^{-5}, 10^{-5}]$，绘制时间区间 $t = [0, 20]$ 微分方程的解。

【解】（1）建立描述系统微分方程的 M 函数文件 rigit.m。

```
function  dy = rigit(t,y)
dy = zeros(3,1);              % dy 为 3×1 数组,行数等于微分方程组的个数
dy(1) = y(2) * y(3);          % 列写 y₁ 的微分方程式
dy(2) = - y(1) * y(3);        % 列写 y₂ 的微分方程式
dy(3) = - 2 * y(1) * y(2);    % 列写 y₃ 的微分方程式
```

（2）编写调用函数 rigit（）的主程序如下，调用 ode45 求解微分方程组。

```
options = odeset(' RelTol ',1e - 4, ' AbsTol ',[1e - 4,1e - 5,1e - 5]);
[T,y] = ode45(' rigit ',[0,20],[0,0.5, - 0.5], options);
                         % 调用 ode45 产生离散点时间向量和解向量
plot ( T , y ( : , 1 ) , ' r ' , T , y ( : , 2 ) , ' b * ' , T , y ( : , 3 ) , ' k - . ' )
legend ( ' y1 ' , ' y2 ' , ' y3 ' )
```

运行程序后得到的数值解的图形如图 4-8 所示。

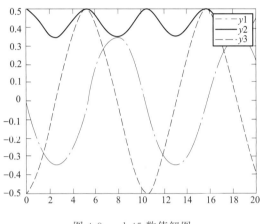

图 4-8　ode45 数值解图

注意：求解函数只能用于求解一阶微分方程或方程组，其格式是固定的。当求解高阶微分方程时，需要将其转换为一阶微分方程组，下面通过一个简单例题加以说明。

【例 4-5】 已知二阶微分方程如下：$y'' - y' - y = 0$，初始值为：$y(0) = 1$，$y'(0) = 1$。求二阶微分方程的数值解。

【解】 ① 通过状态空间方程将二阶微分方程表示为一阶微分方程组。

设状态变量 $z = \begin{Bmatrix} z_1 \\ z_2 \end{Bmatrix} = \begin{Bmatrix} y \\ y' \end{Bmatrix}$

将状态变量 z 对时间求导，结合 $y'' = y' + y$，可以将二阶微分方程，整理成状态变量的一阶微分方程组。

$$\begin{cases} z'_1 = z_2, & z_1(0) = 1 \\ z'_2 = z_1 + z_2, & z_2(0) = 1 \end{cases}$$

② 建立描述系统微分方程的 M 函数文件 vdp.m。

```
function  dz = vdp( t , z )
dz = zeros( 2 , 1 );              % 生成 2 ×1 的零阵
dz( 1 ) = z( 2 );                 % 求 y
dz( 2 ) = z( 1 ) + z( 2 );        % 求 y'
```

③ 编写 MATLAB 主程序。

```
[T , Y] = ode45( 'vdp',[0,5],[1,1]);        % 调用求解函数 ode45
plot(T, Y(:,1),'r',T,Y(:,2),'b--')          % 绘制 y,y'曲线
legend( 'z_{1} = y' , 'z_{2} = y^{''}')      % 建立图例
```

运行程序后，得到的结果如图 4-9 所示：

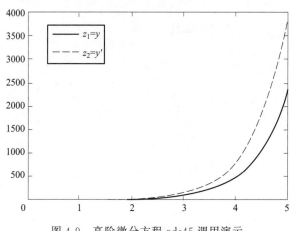

图 4-9　高阶微分方程 ode45 调用演示

4.2.2　传递函数的时间响应仿真函数

对于传递函数形式的 LTI 系统的时间响应仿真，可将传递函数模型转化为仿真计算模型，进行时间响应仿真。MATLAB 直接提供了在各种输入作用下的时间响应函数，用于系统动态仿真。

(1) 阶跃响应仿真函数

step () 函数用于计算零初始值条件下 LTI 系统的单位阶跃响应，该函数的调用格式如表 4-2 所示。该函数既可用于连续时间系统，也可用于离散时间系统；既适用于 SISO 系统，也适用于 MIMO（多输入多输出）系统。

表 4-2　　　　　　　　　　　单位阶跃响应仿真函数的调用格式

调用格式	说明
step(sys)	基本调用格式，sys 为系统模型（传递函数模型、零极点模型、状态空间模型等）
step(sys,Tfinal)	Tfinal 为仿真终止时间，若省略则由系统默认
step(sys,T)	T 为用户指定的仿真时间向量，对于连续时间系统 $T=[T0:dt:Tfinal]$，dt 为连续系统离散化的采样时间，$T0$ 为仿真开始时间；对于离散时间系统 $T=[T0:Ts:Tfinal]$，Ts 为采样时间
step(sys1,sys2,…)	在同一幅图中绘制多个系统的单位阶跃响应曲线；可定义每个系统响应曲线的颜色、线型和标志
[Y,T]=step(sys)	返回仿真输出，Y 为输出响应，T 为仿真时间向量；不绘图

【例 4-6】已知二阶系统的传递函数模型为 $G(s)=\dfrac{\omega_n^2}{s^2+2\zeta\omega_n s+\omega_n^2}$，求在无阻尼固有频率 $\omega_n=1$、阻尼 $\zeta=0$、0.1、0.2、0.5、1.2、3.5 时，其单位阶跃响应。

【解】根据题意用 MATLAB 编程如下：

```
t = linspace(0,20,200)';          % 设置仿真时间
wn = 1;                           % 无阻尼固有频率
wn2 = wn^2;                       % 无阻尼固有频率的平方
zuni = [0,0.1,0.2,0.5,1,2,3,5];   % 设置阻尼系数向量
num = wn2;                        % 定义二阶系统传递函数的分子多项式系数
for k = 1:8                       % 循环 8 次,
                                  % 分别计算在 8 种不同阻尼系数下系统的阶跃响应
den = [1,2 * zuni(k) * wn ,wn2];  % 定义二阶系统传递函数的分母多项式系数
sys = tf(num,den);               % 建立系统模型
y(:,k) = step(sys,t);            % 计算在当前阻尼系数下二阶系统的阶跃响应值
end
figure(1);                       % 开启新的图形显示窗口
plot(t,y(:,1:8));                % 在一幅图像上依次绘制出上述 8 条阶跃响应曲线
grid;                            % 显示网格线
text(4.2,1.9,'{\xi} = 0 ');text(4.5,1.64,' {\xi} = 0.1 ');text(4.6,1.44,' {\xi} = 0.2 ');
    text(3,1.22,'{\xi} = 0.5 ');text(3,0.78, '{\xi} = 1 ');text(3,0.5, '{\xi} = 2 ');
    text(3,0.4, '{\xi} = 3 ');text(3,0.3, '{\xi} = 5 ');     % 为曲线添加标注
```

运行上述程序, 在图形窗口显示的响应曲线如图 4-10 所示。从图中可以看出, 在无阻尼固有频率不变的情况下, 随着阻尼系数的增大, 二阶系统的响应由振荡过渡到平稳的状态。

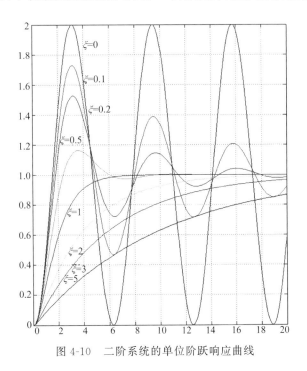

图 4-10　二阶系统的单位阶跃响应曲线

（2）脉冲响应仿真函数

impulse（）命令用来计算零初始值条件下 LTI 系统的单位脉冲响应，调用格式与 step（）函数相同。该函数的调用格式如表 4-3 所示。

表 4-3　　　　　　　　　　　　单位脉冲响应仿真函数的调用格式

调用格式	说明
impulse(sys)	基本调用格式，sys 为系统模型（传递函数模型、零极点模型、状态空间模型等）
impulse(sys,Tfinal)	Tfinal 为仿真终止时间，若省略则由系统默认
impulse(sys,T)	T 为用户指定的仿真时间向量，对于连续时间系统 $T=[T0:dt:Tfinal]$，dt 为连续系统离散化的采样时间，$T0$ 为仿真开始时间；对于离散时间系统 $T=[T0:Ts:Tfinal]$，Ts 为采样时间
impulse(sys1,sys2,…)	在同一幅图中绘制多个系统的单位脉冲响应曲线。可定义每个系统响应曲线的颜色、线型和标志
[Y,T]=impulse(sys)	返回仿真输出，Y 为输出响应，T 为仿真时间向量；不绘图

【例 4-7】 典型二阶系统的传递函数为 $G(s)=\dfrac{\omega_n^2}{s^2+2\zeta\omega_n s+\omega_n^2}$，当求在无阻尼固有频率 $\omega_n=6$、阻尼 $\zeta=0.7$ 时，其单位脉冲响应。

【解】 根据题意用 MATLAB 编程如下：

```
wn = 6;                      %定义无阻尼固有频率
zuni = 0.7;                  %定义阻尼系数向量
num = wn.^2;                 %定义二阶系统传递函数的分子多项式系数
den = [1,2 * zuni * wn,wn.^2];   %定义二阶系统传递函数的分母子多项式系数
impulse(num,den)            %绘制单位脉冲响应
title('脉冲响应')            %标注图名
```

运行上述程序，在图形窗口显示的响应曲线如图 4-11 所示。

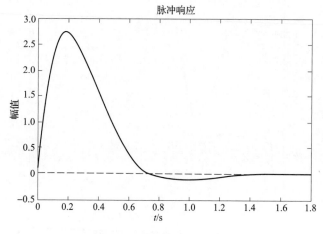

图 4-11　单位脉冲响应曲线

（3）初始状态响应仿真函数

initial（）函数用于计算零输入条件下，由初始状态所引起的响应，只能用于状态空间模型，其调用格式如表 4-4 所示。

表 4-4　　　　　　　　　　　　　　　initial（）函数的调用格式

调用格式	说明
initial(sys,X0)	基本调用格式,sys 为状态空间模型,X0 为初始状态
initial(sys,X0,Tfinal)	指定仿真终止时间 Tfinal,若省略则由系统默认
initial(sys,X0,T)	指定仿真时间向量 T
initial(sys1,sys2,…,X0,T)	在同一幅图中绘制多个系统的响应曲线;可定义每个系统响应曲线的颜色、线型和标志
[Y,T,X]=initial(sys,X0)	返回仿真输出,Y 为输出响应,T 为仿真时间向量,X0 为状态向量;不绘图

【例 4-8】对【例 4-6】中的系统，当无阻尼固有频率 $\omega_n = 1$、阻尼 $\zeta = 0.5$ 时，绘制初始状态 X0 = $[1，2]^T$ 作用下的时间响应曲线。

【解】根据题意用 MATLAB 编程如下：

```
wn = 1, zuni = 0.5;              % 无阻尼固有频率、阻尼系数
num = wn.^2;                     % 定义二阶系统传递函数的分子多项式系数
den = [1 ,2 * zuni * wn,wn.^2]; % 定义二阶系统传递函数的分母多项式系数
sys = tf(num,den)               % 建立系统传递函数模型
sys1 = ss(sys);                 % 转换为系统状态空间模型
X0 = [1,2]';                    % 定义系统初始状态空间变量
initial(sys1,X0)                % 在系统初始状态下绘图
```

运行上述程序，在图形窗口显示的响应曲线如图 4-12 所示。

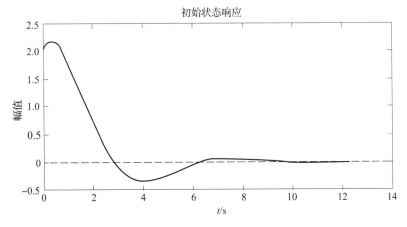

图 4-12　系统初始状态的响应曲线

（4）信号发生器和任意输入响应函数

MATLAB 也可计算 LTI 系统在任意输入作用下的时间响应。

（1）信号发生器函数 gensig（）

MATLAB 可用 gensig（）函数为系统时间响应产生周期输入信号，其调用格式如表 4-5 所示。

表 4-5   **gensig（）函数的调用格式**

调用格式	说明
[U,T]=gensig(Type,Tau)	
[U,T]=gensig(Type,Tau,Tf)	Type 为信号类型：' sin '——正弦波；' square '——方波；' Pulse '——周期脉冲波；Tau 为信号周期；U 为信号向量；T 为与 U 对应的时间向量；Tf 为信号的时间区间；Ts 为采样时间
[U,T]=gensig(Type,Tau,Tf,Ts)	

（2）任意输入响应函数 lsim（）

lsim（）函数用来表示系统对任意输入的时间响应，并绘制响应曲线，其调用格式如表 4-6 所示。

表 4-6   **lsim（）函数的调用格式**

调用格式	说明
lsim(sys,U,T)	基本调用格式，sys 为系统模型，U、T 为输入信号
lsim(sys1,sys2,…,U,T)	在同一幅图中绘制多个系统的响应曲线，可定义每个系统响应曲线的颜色、线型和标志
[Ys,Ts]=lsim(sys,U,T)	返回仿真数据，不绘图
[Ys,Ts,Xs]=lsim(sys,U,T,X0)	返回仿真数据，不绘图；sys 为状态空间模型，X0 为初始状态向量，Ts 为仿真时间向量，Xs 为状态向量

【例 4-9】已知系统的传递函数 $G(s)=\dfrac{3s+100}{s^3+10s^2+40s+100}$，计算系统在周期为 5 s 的方波信号作用下的响应。

【解】根据题意用 MATLAB 编程如下：

```
sys = tf([3,100],[1,10,40,100]);       %建立仿真模型
[u,t]=gensig('square',5,10);           %产生方波信号、2个周期的数据
lsim(sys,'r',u,t)                       %产生方波响应并绘制曲线
text(1.3,0.8,'输入\rightarrow')
text(5.4,0.8,'\leftarrow输出')
```

运行上述程序，在图形窗口显示的响应曲线如图 4-13 所示。

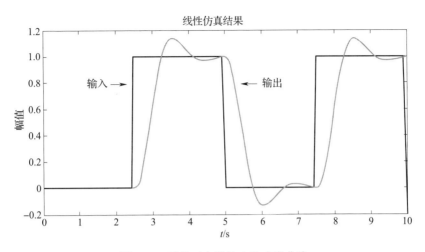

图 4-13　系统对方波输入的响应曲线

【例 4-10】 某连续系统的微分方程为 $y''(t)+2y'(t)+y(t)=f''(t)+2f(t)$，求当输入信号为 $f(t)=\mathrm{e}^{-2t}$ 时，系统的零状态响应曲线。

【解】 可由微分方程直接建立传递函数模型，编写仿真程序如下：

```
num = [1 , 2]; den = [1, 2, 1];
G = tf(num,den);
t = 0:0.5:5;
u = exp(-2 * t);
lsim( G ,'r' , u , t)
text ( 0.4 , 0.7 ,'\leftarrow 输入 ')
text (2.3 , 0.3 ,'\leftarrow 输出 ')
```

运行上述程序，在图形窗口显示的响应曲线如图 4-14 所示。

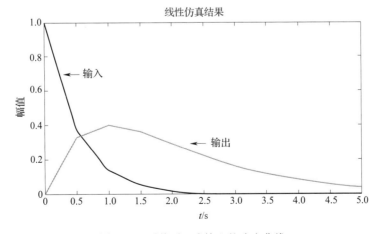

图 4-14　系统对 e^{-2t} 输入的响应曲线

4.3 离散时间系统的仿真

离散系统是指系统的输入和输出仅在离散的时间上取值，而且离散的时间具有相同的时间间隔。通常连续系统使用拉普拉斯变换进行系统分析，它处理的是模拟信号，而离散系统使用 z 变换进行系统分析，它处理的是离散信号。

4.3.1 离散时间系统的模型

差分方程可描述离散时间系统的行为，对于单输入单输出 LTI 系统，其模型的一般形式为：

$$a_n y[(k+n)T] + a_{n-1} y[(k+n-1)T] + \cdots + a_0 y(kT) =$$
$$b_m[(k+m)T] + b_{m-1}[(k+m-1)T] + \cdots + b_0 u(kT) \tag{4-15}$$

式中 T——采样时间，在简便书写时常将其省略。

利用 z 变换将离散系统的数学模型（差分方程）转化为简单的代数方程，使其求解过程得以简化。

4.3.2 离散时间系统的 z 变换

从如图 4-15 所示的采样开关就可以分析和理解 z 变换的过程。连续信号 $r(t)$ 由一个开关每隔 T 秒采样一次，该开关闭合时间非常短。因此，开关另一端的信号 $r^*(t)$ 只有当开关瞬间闭合时才存在。在数学上，可以将 $r^*(t)$ 表示成：

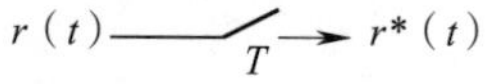

$$r(t) \xrightarrow[T]{} r^*(t)$$

图 4-15　采样开关框图表示

$$r^*(t) = \sum_{k=0}^{\infty} r(kT)\delta(t-KT) \tag{4-16}$$

如果对式（4-16）用拉普拉斯进行变换，得：

$$R^*(s) = L[r^*(t)] = \int_{-\infty}^{+\infty} \sum_{k=0}^{\infty} r(kT)\delta(t-kT) e^{st} dt$$

$$= \sum_{k=0}^{\infty} r(kT) \int_{-\infty}^{+\infty} \delta(t-kT) e^{st} dt = \sum_{k=0}^{\infty} r(kT) e^{-ksT} \tag{4-17}$$

为了便于计算，定义变量 z 为：

$$z = e^{sT} \tag{4-18}$$

通过该变换将 $r^*(t)$ 从 s 平面映射到 z 平面，这一变换就称为 z 变换。

$$R(z) = Z[r^*(t)] = L[r^*(t)]\big|_{z=e^{sT}} = \sum_{k=0}^{\infty} r(kT) z^{-k} \tag{4-19}$$

同样，式中 T 为采样时间，为了方便书写常将其省略。从上式可以看出 $R(z)$ 为 z^{-k} 的幂级数，其各项系数等于序列 $\{r(k)\}$ 的取值。z 变换是对序列进行的。

MATLAB 提供了将数字序列转换为 z 变换的 ztrans（）函数，ztrans（）函数的调用格式如表 4-7 所示。在调用函数 ztran（）之前，要用 syms 命令对所有需要用到的变量定义成符号变量。

表 4-7	ztrans () 函数的调用格式
调用格式	说明
$F =$ ztrans(f) 函数	f 为离散序列的符号表达式,返回自变量为 z 的 z 变换 $F(z)$
$F =$ ztrans(f, w) 函数	f 为离散序列的符号表达式,返回自变量为 w 的 z 变换 $F(w)$

【例 4-11】 某个离散系统的差分方程描述如下：

$$y(n) - 1.6y(n-1) + 0.7y(n-2) = 0.04u(n) + 0.08u(n-1) + 0.04u(n-2)$$

其中，$u(n)$ 为系统输入，$y(n)$ 为系统输出。利用 z 变换求系统的传递函数。

【解】 根据式（4-19），对系统的差分方程进行 z 变换，即可得到系统的传递函数为：

$$\frac{Y(z)}{U(z)} = \frac{0.04 + 0.08z^{-1} + 0.04z^{-2}}{1 - 1.6z^{-1} + 0.7z^{-2}}$$

【例 4-12】 已知单位阶跃函数 $f(t) = 1$，对所有 k，采样值 $f(kT) = 1$，求其 z 变换 $F(z)$。

【解】 根据题意，编写程序如下：

```
symsk;              % 定义符号变量
f = 1^k;            % 定义离散信号
Fz = ztrans(f)      % 对离散信号进行 z 变换
```

程序运行结果如下：

$Fz =$

$z / (z - 1)$

通过 MATLAB 提供的函数，可以将 z 变换的离散时间系统的数学模型在计算机内建立起来。有关函数的调用格式如表 4-8 所示，有些函数已在连续系统中介绍了不再论述。有关模型的转换、连接可参考连续系统的方法。

表 4-8	离散时间系统的数学模型建立函数
函数	说明
sys$=$tf$($num$,$den$,Ts)$	建立离散系统的传递函数模型,Ts 为采样时间；当 $Ts = -1$ 或 $Ts = [\ ]$ 时,表示采样时间未定义
sys$=$zpk(Z, P, K, Ts)	建立离散系统的 zpk() 传递函数模型,Ts 为采样时间；当 $Ts = -1$ 或 $Ts = [\ ]$ 时,表示采样时间未定义
sys$=$filt$($num$,$den$)$	建立采样时间未指定的脉冲传递函数
sys$=$filt$($num$,$den$,Ts)$	建立采样时间指定的脉冲传递函数

对于离散时间系统响应，MATLAB 直接提供了在各种输入作用下的时间响应函数，用于系统动态仿真，这些函数的调用格式如表 4-9 所示。

表 4-9	离散时间系统的响应函数
函数	说明
dstep(num,den,N)	绘制离散系统的指定 N 个输出点的单位阶跃响应曲线
$Y=$ dstep(num,den,N)	返回输出数值序列 Y,不绘响应曲线
dimpulse(num,den,N)	绘制离散系统的指定 N 个输出点的单位脉冲响应曲线
$Y=$ dimpulse(num,den,N)	返回输出数值序列 Y,不绘响应曲线
dlsim(num,den,U)	绘制离散系统在任意数值序列 U 作用下的响应曲线
$Y=$ dlsim(num,den,U)	返回输出数值序列 Y,不绘响应曲线

4.3.3 Z 域离散相似法

离散相似法是将连续模型处理成与之等效的离散模型的一种方法。它是依据给定的连续系统的数学模型,通过具体的离散化方法,构造一个离散化模型,使之与连续系统等效。

假设有一个连续系统 $G(s)$ 如图 4-16 (a) 所示,将其离散的过程如图 4-16 (b) 所示。在连续输入信号 $u(t)$ 的后面加采样时间为 T 的采样开关,得到离散信号 $u*(t)$,然后再加传递函数为 $G_h(s)$ 的信号重构器,使离散信号 $u*(t)$ 再恢复为连续信号 $\tilde{u}(t)$,将恢复的连续信号 $\tilde{u}(t)$ 加到原来的连续系统 $G(s)$ 上,其输出为 $\tilde{y}(t)$。只要 $\tilde{u}(t)$ 能足够精确的表示 $u(t)$,那么 $\tilde{y}*(t)$ 也就能足够精确地表示 $y(t)$。故如图 4-16 (b) 所示的离散模型 $G(z)$ 也就能够足够精确地表示如图 4-16 (a) 所示的连续系统 $G(s)$。

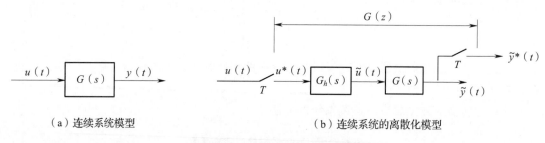

(a) 连续系统模型　　　　　　　　　　(b) 连续系统的离散化模型

图 4-16　连续系统的离散化

由 z 变换的理论知,从 $u*(t)$ 到 $\tilde{y}*(t)$ 之间离散传递函数 $G(z)$ 可以用下式来表示:

$$G(z)=\frac{Y(z)}{U(z)}=Z[G_h(s)G(s)] \tag{4-20}$$

则 $G(z)$ 为原连续系统 $G(s)$ 的离散化模型。

利用 z 域离散相似法时,可以将一个连续时间系统变换为一个离散时间系统,然后借助离散时间系统来实现一个连续时间系统。利用该方法进行变换时,信号重构器是一个重要的环节,它将离散信号恢复为连续信号,信号重构器的种类有很多,下面介绍一下工程中常用的零阶采样保持器法。

零阶采样保持器法是从采样信号中重构连续信号的一种方法,可通过泰勒级数展开求得。将连续信号 $r(t)$，在 $t=nT$ 点，按泰勒级数展开表示为：

$$r(t)=r(nT)+r'(nT)(t-nT)+\frac{r''(nT)}{2!}(t-nT)+\cdots \tag{4-21}$$

$r_n(t)$ 定义为在第 n 个采样时间对 $r(t)$ 的重构，即采样保持器的输出：

$$r_n(t)\cong r(t),\quad nT\leqslant t\leqslant(n+1)T \tag{4-22}$$

若仅取泰勒级数展开式第一项，即得到零阶保持器输出：

$$r_n(t)\cong r(nT),\quad nT\leqslant t\leqslant(n+1)T \tag{4-23}$$

零阶采样保持器是将离散信号在两个采样点之间保持不变，因此是使离散信号恢复为一个阶梯状的连续信号。

零阶保持器的传递函数为：

$$G_h(s)=\frac{1-e^{-Ts}}{s} \tag{4-24}$$

在对连续系统进行离散化时，其采样开关是虚拟的，即其采样间隔、采样器所处位置及保持器的类型是用户根据仿真精度和仿真速度的要求加以确定的。通常，在连续系统仿真时，仿真所用的离散化模型中的虚拟采样间隔与仿真步距是一致的，对整个系统来说是唯一的，且是同步的。

离散化模型 $G(z)$ 精度取决于采样时间 T 和信号保持器 $G_h(s)$。显然采样时间越小离散模型精度越高。

MATLAB 提供的连续系统离散化的函数 c2d()，其调用的格式如表 4-10 所示。

表 4-10　　　　　　　　　　　　　　　c2d() 函数调用格式

调用格式	说明
sysd＝c2d(sysc,Ts,method)	把连续定常系统模型 sysc 转换为离散系统模型 sysd，Ts 为采样时间，method 表示对输入信号的处理方法，当 method 取值为' zoh '时，采用零阶保持器法，当 method 取值为' foh '时，采用一阶保持器法

【例 4-13】已知一个连续时间系统的传递函数为 $G(s)=\dfrac{20(s+1)}{s+20}$，当虚拟采样时间分别为 $T=0.01\text{s}$ 和 $T=0.05\text{s}$ 情况下，利用离散相似法，使用零阶保持器法，求连续系统的离散化模型。

【解】MATLAB 转换的程序如下：

```
num = [20,20];den = [1,20];        % 传递函数的分子分母系数
Ts1 = 0.01;                        % 设定离散化系统模型 1 的采样时间
Ts2 = 0.05;                        % 设定离散化系统模型 2 的采样时间
sysc = tf(num,den);                % 建立连续系统模型
sysd1 = c2d(sysc,Ts1,' zoh ')      % 将连续系统模型转换为离散化系统模型 1
sysd1 = c2d(sysc,Ts2,' zoh ')      % 将连续系统模型转换为离散化系统模型 2
```

运行上述程序，得到的结果如下：

sysd1 =

　20z − 19.82

　− − − − − − − − − − −

　z − 0.8187

Sampletime:0.01seconds

Discrete − timetransfer function.

sysd1 =

　20z − 19.37

　− − − − − − − − − − −

　z − 0.3679

Sample time：0.05 seconds

Discrete − time transfer function.

sysd1、sysd2 表示连续系统 $G(s)$ 在不同虚拟采样时间下离散化模型 $G(z)$。由结果可以看出，对一个连续系统模型，不同的虚拟采样时间得到的离散仿真模型是不同的。

4.4　采样控制系统仿真

4.4.1　采样控制系统的基本组成

采样控制系统是指系统一处或几处信号经采样后是离散的，而被控制对象是连续的。典型的采样控制系统是一种连续-离散混合系统，目前多为计算机控制系统，如图 4-17 所示。工程实际中，计算机的应用可以使系统的控制获得更好的性能，为此，应对计算机控制应用过程有一个初步了解。

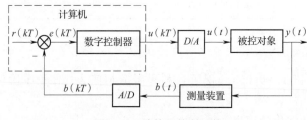

图 4-17　计算机控制系统

图 4-17 中 A/D 转换器为采样开关，将连续模拟量转变为离散的数字量；D/A 转换器将离散的数字量转变为模拟量，同时它也相当于一个输出零阶保持器。系统的被控对象的状态变量是连续变化的，它的输入变量和控制变量只在采样时刻是变化的。

对于计算机控制系统，计算机是作为控制系统中的一个环节，它可以根据被控对象的特性实现系统要求的性能指标，这是通过控制器来完成的，而控制器是用一个 z 传递函数来表示的。用传递函数表示的计算机控制系统框图如图 4-18 所示。

由于采样开关的存在，在不同的位置对环节的传递函数和系统的闭环传递函数都有影响，因此要对不同的方框图结构进行求解，详细内容请参考相关书籍。典型的计算机的控制系统方框图如图 4-19 所示。

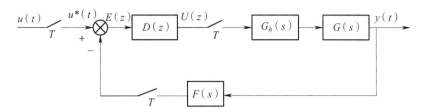

图 4-18　计算机控制系统的传递函数框图

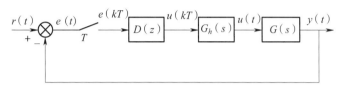

图 4-19　典型的计算机控制系统方框图

4.4.2　采样控制系统仿真的采样时间

采样控制系统包含连续部分和离散部分，从而得到的离散仿真模型也分成两部分。在仿真时需要协调好两部分模型之间的同步问题。

采样控制系统中 A/D 转换器和 D/A 转换器都是具体的元件，其采样时间 T，所处位置及保持器的类型是实际存在的。

因此，在对采样控制系统进行仿真时，连续部分离散化模型中的虚拟采样时间（或仿真步长 h）可能与实际采样开关的采样时间 T 相同，也可能不同。

（1）虚拟采样时间（或仿真步长 h）等于采样时间 T

在对系统进行仿真时，实际采样开关与虚拟的采样开关在整个系统中均是同步工作的。因此这种仿真与连续仿真完全相同，从而可大大简化仿真模型，缩短仿真程序，提高仿真速度。适用于系统连续部分参数变化较缓慢或系统幅值穿越频率较小的系统。

（2）虚拟采样时间（或仿真步长 h）小于采样时间 T

一般说来，采样时间 T 受制于硬件的性能、控制算法和计算时间等，采样时间 T 比较大，在对系统进行仿真时，连续部分若按采样时间 T 选择仿真步长 h，将出现较大的误差，因此有必要使 $h < Ts$。

系统仿真模型中将会有两种频率的采样开关：离散部分的采样时间 T，连续部分的仿真步长 h。为了便于仿真程序的实现，应取采样时间 T 恰好是仿真步长 h 的整数倍，即 $T = kh$，其中 k 为正整数。

对这一类仿真系统，要分两部分分别进行仿真计算，对离散部分用采样时间 T 进行仿真，对连续部分用仿真步距 h 进行仿真。离散部分每计算一次仿真模型，将其输出按保持器的要求保持，然后对连续部分的仿真模型计算 k 次，将第 k 次计算的结果作为连续部分该采样时间的输出。

适用于系统连续部分参数变化较快的系统，以保证仿真精度。

4.4.3 采样控制系统仿真方法

采样系统仿真一般采用定步长。对于连续部分在每个步长点均作仿真运算，而对于离散部分（数字控制器）只有在采样时刻才运行仿真运算。

（1）数值积分法

对系统连续部分仿真采用数值积分方法，这种方法需要选择连续部分仿真步长、仿真数值积分方法等。一般采用定步长，且仿真步长一般小于离散部分采样时间。离散部分仿真是基于递推法，十分简单。

（2）离散相似法

离散相似法是利用与连续系统等价的或相似的离散模型，进行连续系统仿真的方法。

系统连续部分先进行 z 变换。若连续部分模型 $G(s)$ 已知，则可借助 MATLAB 函数 c2d（）将连续模型转换为离散模型 $G(z)$，将 $G(z)$ 和原系统离散部分模型 $D(z)$ 合并后，可求得采样控制系统的离散模型 $W(z)$，由 $W(z)$ 就可进行仿真运算。

【例 4-14】 采样控制系统，如图 4-20 所示。被控对象的传递函数为 $G_p(s)=\dfrac{1}{s+1}$，零阶采样保持器的传递函数为 $G_h(s)=\dfrac{1-e^{-Ts}}{s}$，数字控制器的传递函数为 $D(z)=\dfrac{z-0.9}{z-1}$，采样时间 $T=0.05\text{s}$。求采样控制系统的单位阶跃响应。

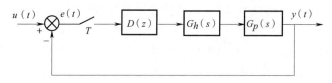

图 4-20 采样控制系统

【解】 根据离散相似法，采样控制系统 MATLAB 的仿真程序如下：

```
Gp = tf([1],[1,1]);                  %建立连续系统模型
T = 0.05;                            %采样时间
Gz = c2d(Gp , T ,'zoh');             %连续模型离散化
Dz1 = zpk（[0.9],[1],1,T）;          %建立数字控制器的零极点增益
                                       模型
Dz = tf(Dz1);                        %转换为传递函数模型
Wz = Gz * Dz / ( 1 + Gz * Dz );      %求闭环系统传递函数
[num , den] = tfdata（Wz ,'v'）;     %求系统传递函数的分子、分母系
                                       数向量
dstep（num , den）                    %用 dstep 求系统单位阶跃响应
```

运行上述程序，在图形窗口显示的响应曲线如图 4-21 所示。

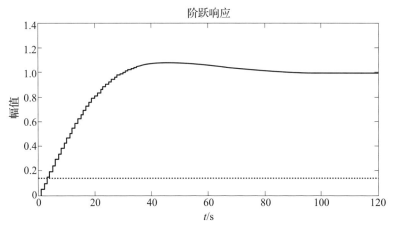

图 4-21　采样控制系统的阶跃响应

4.5　机械加速度计的时间响应仿真

利用第 3 章中 3.5.2 机械加速度计建模所建立的仿真模型，当外力 f 为单位阶跃输入时，分析机械加速度计时间响应特性。

机械加速度计的时间响应仿真程序如下：

```
b = 3;
a0 = 3;
a1 = 2;
sys = tf(b,[1,a0,a1]);              % 将系数 - b 处理为 b,
subplot(2,1,1)                      % 此图绘制阶跃曲线
x = - 0.3:0.01:10;
x0 = 0;
y = stepfun(x,x0);                  % 调用单位阶跃函数
plot(x,y)
text(0.4,0.8,'\leftarrow 输入(f)')
axis([- 0.3 10 0 1.1])
subplot(2,1,2)                      % 此图绘制阶跃响应曲线
step(sys)
text(2,0.8,'\leftarrow 输出( - y)')  % 输出为 - y
```

运行上述程序，在图形窗口显示的响应曲线如图 4-22 所示。从图 4-22 可以看到，输入时间 5s 后，加速度计的输出位移基本上与输入的外力成正比，即与物体运动的加速度成比例。

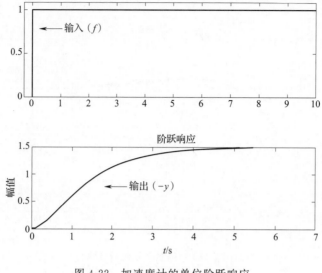

图 4-22　加速度计的单位阶跃响应

4.6　丝杠螺母传动机构的时间响应仿真

机械传动机构是机电系统的重要组成部分。丝杠螺母在机械传动动中，主要用来将旋转运动变换为直线运动。

4.6.1　定轴传动机构的动力学模型

任何定轴传动机构通常都可以用如图 4-23 所示的 3 种基本模型来表示，即惯性负载、阻尼负载和弹性负载。通过它们的不同组合可以表达任意的定轴传动机构。

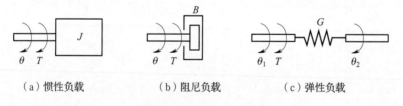

（a）惯性负载　　　　（b）阻尼负载　　　　（c）弹性负载

图 4-23　定轴传动系统的基本模型

（1）惯性负载动力学模型

由图 4-23（a）可知，当只有惯性负载时，负载转角和驱动力矩之间的关系可用以下微分方程和传递函数来表示，即：

$$T(t) = J \frac{d^2(\theta)}{dt^2} = J \frac{d\omega(t)}{dt} \tag{4-25}$$

$$T(s) = Js^2\theta(s) \tag{4-26}$$

式中　J——负载惯量；

　　　T——驱动力矩；

　　　θ——负载转角。

（2）阻尼负载动力学模型

由图 4-23（b）可知，当只有黏滞摩擦阻尼负载时，传动机构的转角与驱动力矩之间的关系可用以下微分方程和传递函数来表示，即：

$$T(t) = B\frac{\mathrm{d}(\theta)}{\mathrm{d}t} \tag{4-27}$$

$$T(s) = Bs\theta(s) \tag{4-28}$$

式中　B——传动机构的黏滞阻尼系数。

（3）弹性负载动力学模型

由图 4-23（c）可知，当只有弹性负载时，传动机构的转角与驱动力矩之间的关系可用以下微分方程和传递函数来表示，即：

$$T(t) = G[\theta_1(t) - \theta_2(t)] \tag{4-29}$$

$$T(s) = G[\theta_1(s) - \theta_2(s)] \tag{4-30}$$

4.6.2　丝杠螺母传动机构的动力学模型

丝杠螺母的简化模型如图 4-24 所示，如果忽略丝杠的扭转变形，按照前述定轴模型的分析，可以将丝杠螺母简化为质量-阻尼模型。

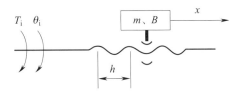

图 4-24　丝杠螺母传动机构简图

由图 4-24，根据动力学的关系式，得到转角与力矩之间的微分方程为：

$$J_e\frac{\mathrm{d}^2\theta_i(t)}{\mathrm{d}t^2} = T_i(t) - B_e\frac{\mathrm{d}\theta_i(t)}{\mathrm{d}t} \tag{4-31}$$

式中　m 折算到输入轴上的等效惯量为：

$$J_e = m\left(\frac{h}{2\pi}\right)^2 \tag{4-32}$$

B 折算到输入轴上的等效阻尼系数为：

$$B_e = B\left(\frac{h}{2\pi}\right)^2 \tag{4-33}$$

式中　m——负载质量；

h——丝杠导程；

B——阻尼系数。

对上式进行拉氏变换，并整理得到丝杠转角与驱动力矩之间的传递函数为：

$$\frac{\theta_i(s)}{T_i(s)} = \frac{1}{s(J_e s + B_e)} \tag{4-34}$$

丝杠转速与驱动力矩之间的传递函数为：

$$\frac{\omega_i(s)}{T_i(s)} = \frac{1}{J_e s + B_e} \tag{4-35}$$

根据丝杠的运动传递关系：

$$x=\frac{h}{2\pi}\theta_i \tag{4-36}$$

得到工作台位移与驱动力矩之间的传递函数为：

$$\frac{L(s)}{T_i(s)}=\frac{h}{2\pi(J_e s+B_e)s} \tag{4-37}$$

4.6.3 丝杠螺母传动机构的仿真分析

设丝杠螺母的导程为 12 mm，工作台质量为 100 kg，阻尼系数为 0.4 kg·s/mm。下面根据式（4-35）对丝杠螺母进行仿真分析，可考查丝杠螺母的转速特性。仿真程序如下：

```
B = 0.4;h = 0.012;m = 100;
Je = m*(h/2*pi)^2;
Be = B;
num = [1];
den = [Je,Be];
sys = tf(num,den);              % 建立系统模型
step(sys)
```

运行程序，仿真的结果如图 4-25 所示，从图中可以看到，当驱动力矩加上系统时，输出的转速随时间逐渐增加，直到稳定在一个值。

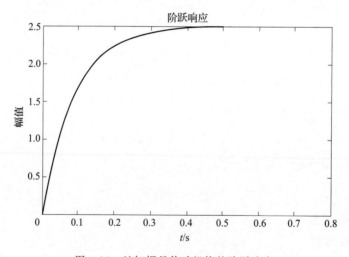

图 4-25 丝杠螺母传动机构的阶跃响应

习   题

1. 三元二次常微分方程组如下，求其数值解，并绘制曲线。

$$x''=x'-x+y'-z'$$
$$y''=y'-y+x'$$
$$z''=z'-z+x'$$

2. 已知某控制系统的闭环传递函数 $G(s) = \dfrac{120}{s^2 + 12s + 120}$，求：

① 在单位斜坡输入作用下系统的响应曲线。

② 在输入信号 $2 + \sin(t)$ 作用下系统的响应曲线。

3. 系统的状态方程输出方程为：

$$x' = \begin{bmatrix} 0 & 1 & 0 \\ 0 & 0 & 1 \\ -800 & -80 & -24 \end{bmatrix} x + \begin{bmatrix} 0 \\ 0 \\ 1 \end{bmatrix} u$$

$$y = \begin{bmatrix} 800 & 0 & 0 \end{bmatrix} x$$

若系统的初始条件为零，试应用 MATLAB 函数对系统进行仿真。

4. 已知系统传递函数 $G(s) = \dfrac{1}{s^2 + 0.2s + 1.01}$，要求：

① 绘制系统阶跃响应曲线。

② 绘出离散化系统阶跃响应曲线，采样时间 $Ts = 0.3$。

第 5 章　系统频率响应及其仿真

频域响应分析是工程中采用的分析方法之一，其特点是可以根据开环频率特性去分析闭环系统的性能，并能较方便地分析系统参数对系统性能的影响，从而进一步提出改善系统性能的途径。相对于时域分析，频率特性更适用于高阶系统的动态特性分析。

本章主要介绍频率响应及频率特性的基本概念、频率特性的两种表示方法、基于MATLAB 系统的频率特性分析、开环系统判别闭环系统稳定性、离散系统频域仿真等。

5.1　频率特性的一般概念

5.1.1　频率响应与频率特性

系统对正弦输入的稳态响应称频率响应。通过分析不同频率的正弦输入作用下系统的稳态响应来获取系统的动态性能。

对于稳定的线性系统，当输入正弦信号时，线性系统输出稳定后也是正弦信号，其输出正弦信号的频率与输入正弦信号的频率相同，输出幅值和相位按照系统传递函数的不同随着输入正弦信号频率的变化而有规律的变化。

当输入为：

$$x_i(t) = X_i \sin\omega t \tag{5-1}$$

其稳态输出应为：

$$x_o(t) = X_o \sin[\omega t + \varphi(\omega)] \tag{5-2}$$

频率特性是指系统在正弦信号作用下，稳态输出与输入之比对频率的关系特性，可表示为：

$$G(j\omega) = \frac{X_O(j\omega)}{X_i(j\omega)} = G(s) \mid_{s=j\omega} \tag{5-3}$$

即当传递函数 $G(s)$ 的复数自变量 s 沿复平面的虚轴变化时，就得到频率特性函数，所以频率特性是传递函数的特殊形式，也是系统的一种数学模型，将传递函数从复数域转化为频域来分析系统的特性。

频率特性还可表示为极坐标形式：

$$G(j\omega) = A(\omega)e^{j\varphi(\omega)} \tag{5-4}$$

式中　$A(\omega)$——复数频率特性的模，称幅频特性；

$\varphi(\omega)$——复数频率特性的相位移，称相频特性。

频率特性还可表示为代数形式：

$$G(j\omega) = u(\omega) + jv(\omega) \tag{5-5}$$

式中　$u(\omega)$——频率特性的实部，称为实频特性；

$v(\omega)$——频率特性的虚部，称为虚频特性。

两种表示方法的关系为：

$$A(\omega) = \sqrt{u^2(\omega) + v^2(\omega)}$$

$$\varphi(\omega) = \mathrm{arctg}\,\frac{v(\omega)}{u(\omega)}$$

(5-6)

$$u(\omega) = A(\omega)\cos\varphi(\omega)$$

$$v(\omega) = A(\omega)\sin\varphi(\omega)$$

(5-7)

从频率特性可以知道，幅频特性等于频率响应输出幅值与输入信号幅值之比，反映系统对不同频率输入信号的稳态响应幅值衰减或放大的特性；相频特性是稳态输出对输入的相位差，反映系统对不同频率输入信号的稳态响应中相位滞后或超前的特性。频率特性表征了系统输入输出之间的关系，故可由频率特性来分析系统性能。

5.1.2　Nyquist 图与 Bode 图

（1）Nyquist 图

频率特性 $G(j\omega)$ 是频率 ω 的复变函数，可以在复平面上用一个矢量来表示。该矢量的幅值为 $|G(j\omega)|$，相角为 $\angle G(j\omega)$。当 ω 从 $0 \to \infty$ 变化时，$G(j\omega)$ 的矢端轨迹被称为频率特性的极坐标图或 Nyquist 图。

如果不考虑频率特性的物理意义，仅将它看作是 ω 的一个函数，还可绘制出当 ω 为负数时的频率函数的图像。由于 $G(j\omega)$ 和 $G(-j\omega)$ 是互为共轭的一对复数，所以它们在复平面上的位置是关于实轴对称的。当 ω 从 $-\infty \to \infty$ 变化时，$G(j\omega)$ 的矢端轨迹是封闭的，利用封闭的 Nyquist 轨迹可进行系统稳定性的分析，即 Nyquist 稳定判据。

（2）Bode 图

如果把频率特性函数 $G(j\omega)$ 的角频率 ω 和幅频特性 $|G(j\omega)|$ 都取对数，则称为对数幅频特性和对数相频特性。通常把对数幅频和对数相频特性组成的对数频率特性曲线称为 Bode 图。其中：

对数幅频特性 $L[G(j\omega)] = 20\lg|G(j\omega)|$　（单位分贝，dB）

(5-8)

对数相频特性 $\varphi[G(j\omega)] = \arg G(j\omega)$　（单位为度，deg）

(5-9)

其频率轴采用对数分度 $\lg\omega$。以 $\lg\omega$ 为横坐标，$L[G(j\omega)]$ 和 $\varphi[G(j\omega)]$ 为纵坐标绘制的曲线，分别称为对数幅频特性图和对数相频特性图，统称为系统的 Bode 图。

与其他采用直角坐标的频率特性绘图方法相比，由于 Bode 图能以适当的比例清晰地展现系统在低、中、高频各段的频率特性，并且非常便于手工绘制，同时可以用叠加的方式绘制高阶系统的 Bode 图，所以成为工程实践中进行系统频率特性分析的重要工具。

Nyquist 稳定判据引申到对数频率特性中即成为对数判据，因而也可以用 Bode 图分析系统的稳定性。

5.2　连续系统的频率响应计算

系统对正弦信号的输入，初始时，系统输出不可能是完全的正弦信号，但是，经过几个时间周期稳定之后，输出为正弦信号。系统最初的响应部分通常称为瞬态响应，其后的响应称为稳态响应。下面通过例题理解稳态响应，注意与时域响应分析的区别。

【例 5-1】 已知系统的传递函数为 $G(s) = \dfrac{7}{5s+2}$，求系统对正弦信号 $x_i = \dfrac{1}{2}\sin\left(\dfrac{2}{3}t + 45\right)$ 输

131

入的稳态输出，同时绘出输入和输出曲线。

【解】编写如下的程序：

```
clear                          % 删除工作区的变量、释放系统内存
syms  t;                       % 定义符号变量
sys = tf(7,[32])               % 创建系统模型
[a1,a2] = bode(sys,2/3)        % 返回 ω = 2/3 处的幅值和相位
A = a1 * (1/2)
B = 45 + a2
y = A * sin(2/3 * t + B)        % 显示输出函数
t = [0:0.01:20];
xi = (1/2)*sin(2/3 * t + 45);
y = A*sin(2/3 * t + B);
plot(t,xi,t,y,' r - - ')
xlabel(' t/s ')
legend(' xi ',' y ')
```

程序运行后，得到系统对应正弦信号输入的稳态输出表达式如下：

y =

(7 * 2^(1/2) * sin((2 * t)/3))/8

所绘制的系统稳态时输入输出的曲线如图 5-1 所示。

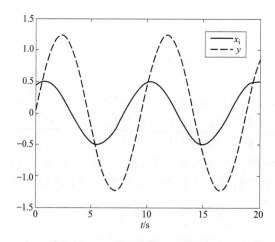

图 5-1　系统稳态时输入输出的曲线

5.3　连续系统频率特性的图示法

频率特性 $G(j\omega)$ 以及幅频特性和相频特性都是 ω 的函数，因而可以用曲线表示它们随频率 ω 变化的关系。根据系统频率特性幅值、相位和频率之间的不同显示形式，有频率特性

（freqs）图、乃奎斯特（Nyquist）图、伯德（Bode）图。常用乃奎斯特（Nyquist）图、伯德（Bode）图分析系统。频率特性一般常称为频率响应。

5.3.1 频率特性图

若已知系统传递函数，可用 freqs( )函数求系统的频率特性。用多项式系统传递函数的分子、分母的系数向量形式给 freqs( )函数赋值，freqs( )函数的调用格式如表 5-1 所示。

表 5-1 freqs（ ）函数的调用格式

函数调用格式	说明
h＝freqs(b,a,w)	指定正实角频率向量,返回响应值;b 为分子系数,a 为分母系数,以下同;w 可省略
[h,w]＝freqs(b,a)	自动确定 200 个频率点,返回响应值和对应的角频率向量
[h,w]＝freqs(b,a,f)	指定频率(Hz)向量,返回响应值和对应的角频率向量
freqs(b,a,w)	绘制对指定正实角频率向量的幅频和相频特性曲线,w 可省略

【例 5-2】绘制系统 $G(s) = \dfrac{1}{s^2 + 0.4s + 0.08}$ 的幅频特性曲线和相频特性曲线。

【解】编写如下的程序：

```
num =[1]; den = [ 1,0.4,0.08 ];
w = 0.05 : 0.01 : 0.5 * pi ;      %产生频率向量
figure(1), freqs ( num , den , w )   %指定频率范围
figure(2), freqs ( num , den )       %自动适应频率范围
```

程序运行以后，得到指定频率范围的系统幅频特性曲线和相频特性曲线如图 5-2 所示；得到自动适应频率范围的系统幅频特性曲线和相频特性曲线如图 5-3 所示。

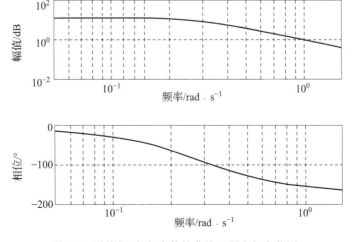

图 5-2 系统幅/相频率特性曲线（限定频率范围）

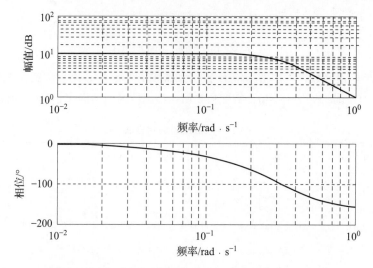

图 5-3 系统幅/相频率特性曲线（自动适应频率范围）

从图 5-3 所示结果可以看出，没有指定频率向量 w，直接运行指令 freqs（num，den），该指令能够自动确定绘制系统频率特性曲线合适的频率范围，其中幅频特性曲线为全对数坐标，而相频特性曲线为半对数坐标。

5.3.2 Nyquist 图及稳定性判别

MATLAB 用于绘制 Nyquist 图的函数为 nyquist()，调用格式如表 5-2 所示。

表 5-2   **nyquist（）函数的调用格式**

函数调用格式	说明
nyquist(sys)	基本调用格式，绘制系统模型 sys 的 Nyquist 图
nyquist(sys,w)	指定频率向量 w，绘制系统模型 sys 的 Nyquist 图
nyquist(sys1,sys2,···,sysn)	在同一坐标系内绘制多个系统模型的 Nyquist 图
nyquist(sys1,sys2,...,sysn,w)	在同一坐标系内，绘制指定频率向量的多个系统模型的 Nyquist 图
[Re,lm,w]=nyquist(sys)	返回系统模型 sys 频率特性的实部和虚部以及对应的 w，不绘图

所绘制 Nyquist 图的横坐标为系统频率特性的实部，纵坐标为虚部。若指定频率向量 w，则 w 必须是正实数组，MATLAB 将自动绘制与 $-w$ 对应的 Nyquist 图。

利用 Nyquist 图可以进行系统的稳定性分析，分析步骤如下：

① 判断开环传递函数位于 s 右半平面零点个数 Z；

② 判断开环传递函数位于 s 右半平面的极点个数 P；

③ 判断 Nyquist 轨迹（ω 从 $0 \rightarrow +\infty$）包围点（-1，j_0）的圈数 N（顺时针为正，逆时针为负）；

④ 若 $Z=N+P$，闭环系统稳定。反之，闭环系统不稳定。

【例 5-3】系统的开环传递函数如下：$G(s)=\dfrac{26}{(s+6)(s-1)}$，绘制系统的开环频率特性 Nyquist 图，判别单位闭环系统的稳定性，绘制单位闭环系统的单位脉冲响应。

【解】① 绘制系统 $G(s)$ 的开环频率特性 Nyquist 图。

编写如下的程序：

```
clear                          % 删除工作区的变量、释放系统内存
sys = zpk([ ],[-6,1],26);      % 建立模型 G
nyquist ( sys );               % 绘制 Nyquist 图
title ( ' 乃奎斯特图 ' )
```

运行以上指令，得到开环系统 Nyquist 图如图 5-4 所示。

② 判别闭环系统的稳定性。

开环传递函数 $G(s)$ 的零点个数 $Z=0$，开环传递函数 $G(s)$ 右极点个数 $P=1$，图 5-4 的 Nyquist 轨迹逆时针方向包围（-1，j_0）点 1 圈，$N=-1$，$N+P=-1+1=0=Z$，根据 Nyquist 稳定性判据，系统闭环是稳定的。

③ 单位闭环系统 $G(s)$ 的单位脉冲响应。

编写如下的程序：

```
sys = zpk([],[-6,1],26);       % 建立模型 G
sys1 = feedback(sys,1,-1);     % 建立 G(s)系统闭环传递函数
impulse(sys1)
title(' 单位脉冲响应图 ')
```

运行以上程序，结果如图 5-5 所示。由图 5-5 单位闭环系统的单位脉冲响应，也验证了 Nyquist 稳定性判据的结果。

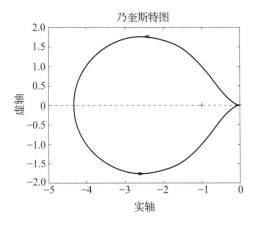

图 5-4 开环系统 $G(s)$ 的 Nyquist 图

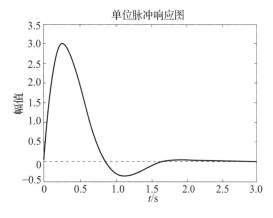

图 5-5 闭环系统单位脉冲响应

【例 5-4】系统开环传递函数为 $G(s) = \dfrac{0.5(s+4)}{(s+2)(s-1)(s+3)}$，绘制系统的开环频率特性 Nyquist 图，判别闭环系统的稳定性，绘制闭环系统的单位脉冲响应。

【解】① 绘制系统开环频率特性 Nyquist 图。

编写如下的程序：

```
sys = zpk([-4],[-2,1,-3],0.5);        %建立模型 G
nyquist(sys);                         %绘制 Nyquist 图
title('乃奎斯特图')
```

运行以上指令，得到开环系统 Nyquist 图如图 5-6 所示。

② 判别闭环系统的稳定性。

开环传递函数 $G(s)$ 的右零点个数 $Z=0$，开环传递函数 $G(s)$ 右极点个数 $P=1$，图 5-6 的 Nyquist 轨迹逆时针方向包围（-1，j_0）点 0 圈，$N=0$，$N+P=0+1\neq Z=0$，根据 Nyquist 稳定性判据，闭环系统是不稳定的。

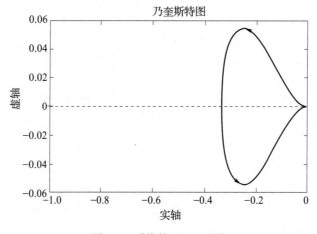

图 5-6　系统的 Nyquist 图

③ 闭环系统的单位脉冲响应。

编写如下的程序：

```
sys = zpk([-4],[-2,1,-3],0.5);        %建立模型 G
sys1 = feedback(sys,1,-1);            %建立 G(s)系统闭环传递函数
impulse(sys1)
axis([0,20,0,1000])
title('单位脉冲响应图 ')
```

运行以上程序，结果如图 5-7 所示。由图 5-7 单位闭环系统的单位脉冲响应，也验证了 Nyquist 稳定性判据的结果。

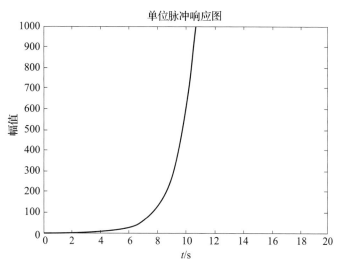

图 5-7　闭环系统的单位脉冲响应

对于多项式形式的传递函数，在应用 Nyquist 稳定判据时，需要预先知道零极点的个数，在 MATLAB 中可以用函数 pzmap() 实现。

pzmap() 函数计算零极点或绘制零极点分布图，分布图上极点用×表示，零点用 o 表示。pzmap() 函数的调用格式如表 5-3 所示。

表 5-3 **pzmap（）函数的调用格式**

函数调用格式	说明
pzmap(sys)	基本格式,绘制系统零极点图
pzmap(sys1,sys2,…,sysn)	在同一坐标系内,绘制多个系统的零极点图
[p,z]=pzmap(sys)	返回系统以 p 为极点,z 为零点的列向量,不绘图

【例 5-5】已知系统的传递函数为 $G(s)=\dfrac{1}{s^3+2s^2+2s+1}$，计算零极点值并绘制出零极点分布图。

【解】由已知的传递函数 $G(s)$，计算零极点值和绘制出零极点分布图的程序如下：

```
clear              %删除工作区的变量、释放系统内存
num = [1];
den = [1 2 2 1];
sys = tf(num,den);  %构成传递函数
[p,z] = pzmap(sys)  %显示零极点值
pzmap(sys);         %显示零极点分布图
```

程序运行后，得到零极点值如下：

p =

$-1.0000+0.0000i$

$-0.5000+0.8660i$

$-0.5000-0.8660i$

$z =$

Empty matrix: $0-by-1$

所绘制的零极点分布图如图 5-8 所示。从输出的数值中和图中可以看到该传递函数有 3 个极点，没有零点。

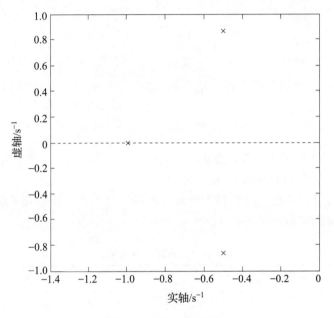

图 5-8　零极点分布图

5.3.3　Bode 图及相对稳定性判别

MATLAB 用于绘制 Bode 图的是 bode() 函数，其调用格式如表 5-4 所示。当不指定频率范围时，bode() 函数将根据系统零极点自动确定频率范围。

利用开环系统 Bode 图可以判别闭环系统的相对稳定性。

表 5-4　　　　　　　　　　　　　　　bode () 函数调用格式

函数调用格式	说明
bode(sys)	基本调用格式，绘制 Bode 图
bode(sys,w)	指定频率向量，绘制 Bode 图
bode(sys1,sys2,$\cdots$,sysn)	在同一图内，绘制多个模型的 Bode 图
bodemag(sys1)	仅绘制幅频特性 Bode 图
[mag,phase]=bode(sys,w)	返回指定频率的幅值和相位，不绘制 Bode 图
[mag,phase,w]=bode(sys)	返回幅值和相位及对应的 w，不绘制 Bode 图

从 Nyquist 稳定判据可知，若开环系统传递函数的 Nyquist 轨迹离（－1，j_0）点越远，则闭环系统的稳定性越高；若开环系统传递函数的 Nyquist 轨迹离（－1，j_0）点越近，其闭环系统的稳定性越低。这就是通常所说的相对稳定性。通过 G（$j\omega$）相对（－1，j_0）点的靠近程度来度量，用幅值裕量 k_g 和相位裕量 γ 来定量表示，如图 5-9 所示。

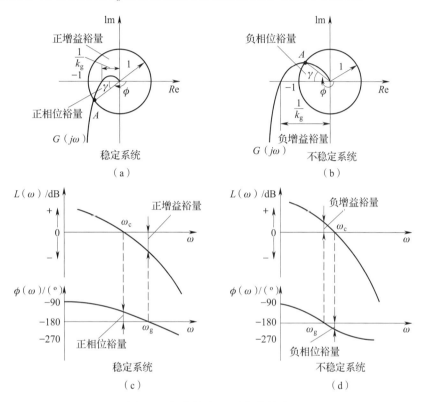

图 5-9　幅值裕度 k_g 和相位裕度 γ

Nyquist 图上，G（$j\omega$）与单位圆交点频率为 ω_c，与实轴交点频率为 ω_g。把 Nyquist 图转换成 Bode 图时，其单位圆相当于 Bode 图的 0 dB 线，而 ω_g 点处相当于 Bode 图相频特性的－180 轴。

（1）相位裕量

在 Bode 图上，当 ω 等于频率 ω_c（$\omega_c > 0$）时，相频特性与－180°线的相位差 γ 叫作相位裕量。它可以在 ω_c 的频率下，允许相位再增加 γ 才达到临界稳定条件。对于稳定的系统，γ 必在伯德图－180°线以上，这时称为正相位裕量，或者有正相位裕度，如图 5-9（c）所示。

相位裕量定义为：

$$\gamma = 180° + \varphi(\omega_c) \tag{5-10}$$

在 Bode 图上，ω_c 称为幅值穿越频率，即开环幅频特性曲线穿越 0 dB 线时的频率。

（2）幅值裕量

在 Bode 图上，当 ω 等于频率 ω_g 时，开环幅频特性 G（$j\omega$）的倒数称为幅值裕量。

$$k_g = 20\lg\left(\frac{1}{|G(j\omega_g)|}\right) = -20\lg|G(j\omega_g)| \text{ 分贝} \tag{5-11}$$

在 Bode 图上，ω_g 为相位穿越频率，即开环相频特性曲线穿越 $-180°$ 线时的频率。

当相位裕量 $\gamma > 0°$ 和幅值裕量 $k_g > 0$ 时，系统稳定。相位裕量 γ 和幅值裕量 k_g 越大，则系统相对稳定性越好。

在 Bode 图上，对于开环稳定的系统，$\omega_c < \omega_g$ 系统稳定，此时必然有 k_g（dB）> 0dB，$\gamma > 0°$；$\omega_c = \omega_g$ 系统临界稳定；$\omega_c > \omega_g$ 系统不稳定。

【**例 5-6**】系统开环传递函数为 $G(s) = \dfrac{k}{s(1+0.1s)(1+0.5s)}$，绘制当 $k = 5$、30 时系统的开环频率特性 Bode 图，并判断系统的稳定性。

【**解**】编写如下的程序，绘制系统开环频率特性 Bode 图。

```
s = tf('s');                            % 定义 Laplace 算子
sys1 = 5/s/(1+0.1*s)/(1+0.5*s);         % 建立模型 1,k = 5
sys2 = 30/s/(1+0.1*s)/(1+0.5*s);        % 建立模型 2,k = 30
figure(1),bode(sys1)                    % 绘 Bode 图 1
title('k = 5 时的伯德图'),grid
figure(2),bode(sys2)                    % 绘 Bode 图 2
title('k = 30 时的伯德图'),grid
```

运行以上程序，结果如图 5-10、图 5-11 所示。由图 5-10 可知，因为 $\omega_c < \omega_g$，所以 $k = 5$ 时系统稳定；而由图 5-11 可知 $\omega_c > \omega_g$，所以当 $k = 30$ 时，系统不稳定。

Bode 图对于描述频率特性的幅值与相位对频率的关系很直观、清晰，而且容易分析系统的相对稳定性。

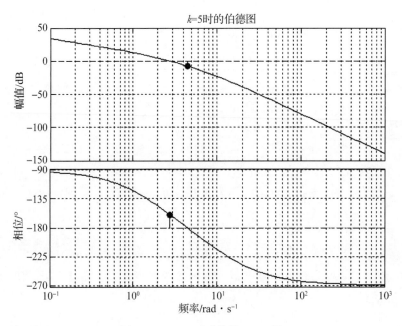

图 5-10　$k = 5$ 时系统的 Bode 图

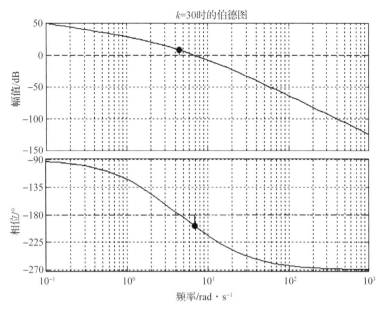

图 5-11　$k = 30$ 时系统的 Bode 图

5.4　离散系统频域仿真

5.4.1　离散系统频率响应

利用 Laplace 变换与 z 变换关系，可得：

$$z = e^{sT} \mid_{s=j\omega} = e^{j\omega T} \tag{5-12}$$

式中　T——采样时间。

设已知离散系统传递函数 $G(z)$，则离散系统的频率响应可由下式求出：

$$G(e^{j\omega T}) = \frac{b_m (e^{j\omega T})^m + b_{m-1} (e^{j\omega T})^{m-1} + \cdots + b_0}{a_n (e^{j\omega T})^n + a_{n-1} (e^{j\omega T})^{n-1} + \cdots + a_0} \tag{5-13}$$

为正确计算离散系统频率响应，系统的频率范围应在 $0 \sim \omega_s / 2$ 之间，其中 $\omega_s = 2\pi / T$ 为离散系统的采样角频率。

5.4.2　离散系统频域仿真的 MATLAB 函数

与系统响应的时域仿真类似，MATLAB 环境下离散控制系统频域仿真只需将连续系统相应的 MATLAB 频域函数前面加上 d 即可，如 dnyquist（）、dbode（）等。这些函数的调用和参数设置也与连续系统大体相同，只是这些函数的参数设置中多了一个必选的采样时间 Ts 项。

【例 5-7】 设闭环离散系统结构如图 5-12 所示，其中采样时间 $Ts = 1s$，连续系统传递函数 $G(s) = \dfrac{1}{s(10+1)}$，零阶采样保持器 $G_h(s) = \dfrac{1-e^{-Ts}}{s}$，控制器 z 传递函数 $G(z) = \dfrac{9.73z^2 - 12.37 + 3.223}{z^2 - 0.253z - 0.1654}$，绘制该系统的 Bode 图和 Nyquist 图，对系统的稳定性进行分析。

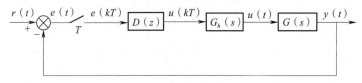

图 5-12　闭环离散系统结构

【解】① 系统开环频率特性的 Bode 图和 Nyquist 图。

编写如下的程序：

```
Ts = 1;
Gs = tf([1],[10,1,0]);                    % 连续系统传递函数
Gz = c2d(Gs,Ts,' zoh ');                  % 连续系统离散化传递函数
Gd = tf([9.73, -12.37,3.223],[1, -0.253, -0.1654],Ts);
                                          % 控制器传递函数
[dnum,dden,Ts] = tfdata(Gz * Gd,' v ');   % 获取开环传递函数的分子、分母系
                                            数向量

figure(1)
dbode(dnum,dden,Ts)                       % 绘制开环离散系统 Bode 图
grid,figure(2)
dnyquist(dnum,dden,Ts)                    % 绘制开环离散系统 Nyquist 图
```

运行以上程序，离散系统开环频率特性的 Bode 图或 Nyquist 图如图 5-13 和图 5-14 所示。从离散系统开环频率特性的 Bode 图或 Nyquist 图可知该离散系统是稳定的。

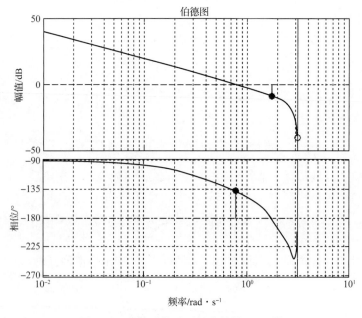

图 5-13　离散系统开环频率特性 Bode 图

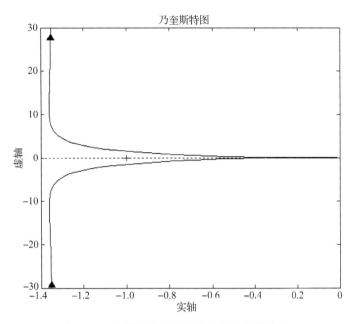

图 5-14　离散系统开环频率特性乃奎斯特图

② 系统单位阶跃响应。

编写如下的程序：

```
G = feedback( Gz * Gd ,1 , - 1)          % 离散系统闭环传递函数
[ numb , denb , Ts ] = tfdata( G ,' v') ; % 获取 Gb 的分子、分母系数向量
dstep( numb , denb )                      % 绘制离散系统单位阶跃响应曲线
```

运行以上程序，可得图 5-15 所示的闭环系统单位阶跃响应曲线，验证了系统稳定的结论。

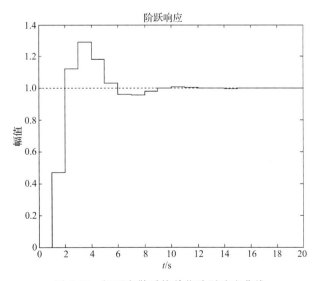

图 5-15　闭环离散系统单位阶跃响应曲线

习　题

1. 绘制下列开环传递函数的 Bode 图和 Nyquist 图，并根据其稳定裕度判断各单位反馈系统的稳定性。

① $G_k(s) = \dfrac{s-10}{s^2+6s+10}$

② $G_k(s) = \dfrac{10}{(1+s)(1+2s)(1+3s)}$

③ $G_k(s) = \dfrac{1}{(0.5s+1)(2s+1)}$

④ $G_k(s) = \dfrac{10}{s^2(1+0.1s)(1+0.2s)}$

2. 系统开环传递函数为 $G(s) = \dfrac{k}{(s+1)(s+2)(s+3)}$，绘制当 $k=15$、100 时系统的开环频率特性 Nyquist 图，并判断单位闭环系统的稳定性。

3. 已知两个系统的开环传递函数分别为：

$$G_1(s) = \frac{2.7}{s^3+5s^2+4s}, \quad G_2(s) = \frac{2.7}{s^3+5s^2-4s}$$

绘制系统的 Bode 图，并判断单位闭环系统的稳定性。

4. 典型二阶系统传递函数如下，分别绘制 $\omega_n = 5$ 时，欠阻尼条件下选取不同阻尼比（$\xi = 0.1 \sim 1$）时系统的 Bode 图。

$$G(s) = \frac{\omega_n^2}{s^2+2\xi\omega_n s+\omega_n^2}$$

第6章　控制系统的性能分析

对控制系统来说，其基本性能要求是稳定、准确、快速。针对结构和参数已经确定的系统，通过时域和频域的仿真分析，可以计算和估计系统的性能，考察系统的动态特性，为设计系统达到预期性能指标提供依据。对于控制系统性能的时域分析，分为动态性能指标和稳态性能指标；频域分析，分为开环频域指标和闭环频域指标两类。

对于系统的分析，MATLAB 的控制系统工具箱还提供了系统分析图形用户界面 LTI Viewer。在 MATLAB 命令窗口用函数 tf、zpk、ss 建立系统的模型，不需任何编程和复杂的计算，用 LTI Viewer 就可以绘制出系统的响应图，求出系统的特征参数，十分方便、直观。

6.1　控制系统性能的基本要求

1．稳定性

稳定性是对控制系统最基本的要求。如果系统受到扰动，偏离了原来的平衡状态，但当扰动取消后，经过若干时间，系统若仍能返回到原来的平衡状态，则称系统是稳定的。

一个稳定的系统，在其内部参数发生微小变化或初始条件改变时，一般仍能正常进行工作。考虑到系统在工作过程中的环境和参数可能产生的变化，因而要求系统不仅要稳定，而且在设计时还要留有一定的裕量。

2．准确性

系统的准确性是指系统对稳态误差的要求。过渡过程完成后的误差称为系统稳态误差。显然，这种误差越小，表示系统输出跟踪输入的精度越高。一个控制系统，只有在满足要求的控制精度下，才有意义。

3．快速性

对系统过渡过程的形式和快慢提出要求，一般称为动态性能。控制系统不仅要稳定和有较高的精度，而且还要求系统的响应具有一定的快速性，对于某些系统来说，这是十分重要的性能指标。反映系统动态性能，一般可以用上升时间、调整时间和最大超调量等表示。

评价一个控制系统的基本性能，工程上形成了一些用于衡量系统性能的指标，尽管提法不同，但都体现了对系统静态特性和动态特性的要求。

控制系统的性能指标大体上可分为两类，即时域指标和频域指标。

6.2　控制系统性能的时域指标

6.2.1　动态指标

为了便于分析和比较，系统动态性能指标用系统的单位阶跃响应特征来定义，系统在单位阶跃输入信号作用前处于静止状态。

系统典型的单位阶跃响应的曲线如图 6-1 所示。

为了定量描述控制系统的性能，通常定义下列一些性能指标。

① 延迟时间（delay time）t_d：响应曲线第一次达到稳态值的 50％所需的时间。

② 上升时间（rise time）t_r：响应曲线第一次达到稳态值（欠阻尼系统）或从稳态值的 10％上升到 90％（过阻尼系统）所需的时间。

③ 峰值时间（peak time）t_p：响应曲线第一次达到峰值所需时间（适用于欠阻尼系统）。

④ 调节时间（settling time）t_s：也称为过渡过程时间，是指响应曲线与稳态值的误差对稳态值的比值始终不超过一个预先设定的阈值，如 2％或 5％，所需要的最短时间。

⑤ 最大超调量（maxximum overshoot）M_p：响应曲线的最大峰值与稳态值的差。通常用百分比表示。即 $M_p \approx \dfrac{h_o(t_p) - h_o(\infty)}{h_o(\infty)} \times 100\%$（适用于欠阻尼系统）。

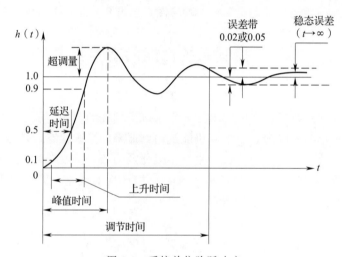

图 6-1　系统单位阶跃响应

对于那些有响应速度要求的系统，通常都被设计成欠阻尼系统，因此在工程实践中，大都用过渡过程时间和超调量来衡量系统的动态特性的优劣。

MATLAB 没有专门的函数用于计算以上时域动态指标，但是可以根据上述性能指标的定义，在响应曲线上用鼠标读取关键点或通过 MATLAB 编程来确定。

【例 6-1】已知开环系统传递函数为 $G(s) = \dfrac{30(s+3)(s+20)}{s(s+0.2)(s+10)^2}$，通过 MATLAB 编程求解单位闭环系统的最大超调量 M_p、调节时间 t_s（相对误差阈值为 2％）和峰值时间 t_p，并在阶跃响应图上标示出来。

【解】编写以下计算时域性能指标的程序：

```
clc;clear
sys1 = zpk([-3,-20],[0,-0.2,-10,-10],30);
                                    % 建立 zpk 开环系统模型
```

```
sys = feedback(sys1,1, - 1);              % 建立单位闭环系统模型
sys2 = tf(sys );                          % zpk 转换为传递函数
[num ,den] = tfdata(sys2, ' v ');         % 获取传递函数的系数
finalvalue = polyval ( num , 0 ) / polyval ( den , 0 )
                                          % 计算稳态值
[ y , t ] = step ( sys ) ;                % 获取单位闭环系统模型阶跃响应的数据
[ yp , k ] = max ( y ) ;                  % 计算峰值及其坐标
tp = t ( k )                              % 计算峰值时间
Mp = 100 * ( yp - finalvalue ) / finalvalue
                                          % 计算超调量
len = length ( t ) ;                      % 计算时间向量长度
while( ( y ( len ) > 0.98 * finalvalue) & ( y ( len ) < 1.02 * finalvalue));
len = len - 1;                            % 计算调整时间坐标
end
ts = t (len )                             % 求调整时间
step ( sys )                              % 绘制单位闭环系统的阶跃响应
hold on                                   % 打开叠加绘图
text(tp, y (len)/2, [' leftarrowtp = ',num2str(roundn(tp, - 1))]);
                                          % 显示峰值时间
plot( [tp,tp],[0,yp] , ':'), plot( tp,yp, ' o ');
                                          % 绘制辅助线、标记点
text(tp + 0.5,yp, ['\leftarrow Mp = ',num2str(roundn(Mp, - 2)), ' % ']);
                                          % 显示超调量
plot( [0,tp + 0.5],[yp,yp] , ':'), plot( tp,yp, ' o ');
                                          % 绘制辅助线、标记点
text(ts, y (len)/2, ['\leftarrowts = ',num2str(roundn(ts, - 2))]);
                                          % 显示调整时间
plot([ts,ts],[0, y(len )], ':'), plot( ts, y(len ),' o ');
                                          % 绘制辅助线、标记点
hold off                                  % 关闭叠加绘图
```

运行程序，得到如图 6-2 所示的结果。

命令窗口显示的运行结果为：finalvalue 稳态值、tp 峰值时间、Mp 最大超调量、ts 调整时间。

```
finalvalue =
     1.0000
tp =
     0.5496
```

Mp =

    64.7966

ts =

    2.9897

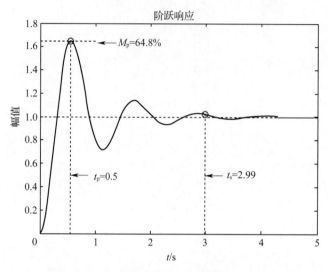

图 6-2　系统的时域性能指标

6.2.2　稳态指标

稳态指标包括稳态误差、位置误差系数、速度误差系数和加速度误差系数等。本节介绍由输入引起的稳态误差。

误差定义为控制系统希望的输出量和实际的输出量之差，记作 $e(t)$。误差信号的稳态分量，被称为稳态误差（steady－state error），记作 e_{ss}。输入信号和反馈信号比较后的信号 $\varepsilon(t)$ 也能反映系统误差的大小，称为偏差。

单位反馈的控制系统如图 6-3 所示，系统的误差与偏差相同。由输入引起的系统误差传递函数为：$\dfrac{E(s)}{U(s)}=\dfrac{1}{1+G(s)}$，则 $E(s)=\dfrac{1}{1+G(s)}U(s)$。

由终值定理得系统的稳态误差为：

$$e_{ss}=\lim_{s\to 0}sE(s)=\lim_{s\to 0}s\,\frac{1}{1+G(s)}U(s) \tag{6-1}$$

对于非单位反馈的控制系统如图 6-4 所示，系统的误差与偏差并不相同。从图中可以看出，所示系统的偏差 $\varepsilon(s)$，可表示为：

$$\varepsilon(s)=\frac{1}{1+G(s)H(s)}U(s) \tag{6-2}$$

由终值定理得系统的稳态偏差，也就是输入信号与反馈信号差值的稳态值，可表示为：

$$\varepsilon_{ss}=\lim_{t\to\infty}\varepsilon(t)=\lim_{s\to 0}s\varepsilon(s)=\lim_{s\to 0}s\,\frac{1}{1+G(s)H(s)}U(s) \tag{6-3}$$

　　为了计算图 6-4 所示反馈系统的稳态误差，将图 6-4 所示的反馈系统等效变换为如图 6-5 所示的等效单位反馈系统，参照式（6-1）可得系统的稳态误差，即希望输出与实际输出差值的稳态值为：

$$e_{ss} = \lim_{s \to 0} s \frac{1}{1 + G(s)H(s)} \frac{U(s)}{H(s)} \tag{6-4}$$

上述稳态误差 e_{ss} 取决于系统结构参数和输入信号的性质。

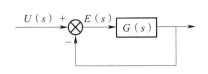

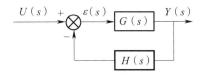

图 6-3　单位反馈系统框图　　　　　　　　图 6-4　非单位反馈系统框图

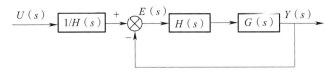

图 6-5　等效单位反馈系统框图

【例 6-2】已知单位负反馈系统的开环传递函数为 $G_k(s) = \dfrac{10}{s(s+1)(s+5)}$，求当单位斜坡输入时，系统输出的稳态误差。

【解】由图 6-4 可知，此时系统的误差传递函数为 $e(s) = \dfrac{1}{1 + G_k(s)} X_i(s)$，而 $X_i(s) = \dfrac{1}{s^2}$，则该系统的稳态误差可表示为 $e_{ss} = \lim_{s \to 0} s \cdot e(s)$。

运行如下的程序：

```
Gk = zpk([],[0 -1 -5],10);          %系统开环传递函数
Xi = zpk([],[0 0],1);               %斜坡输入函数
sys = 1 / ( 1 + Gk );               %计算误差传递函数
Es = sys * Xi                       %误差函数
Ess = dcgain ( tf ( [ 1 0 ] , [ 1 ] ) * Es )   %计算稳态误差
t = [ 0 : 0.05 : 10 ];
xi = t ;
y = lsim ( sys * Gk , xi , t ) ;    % sys * Gk 单位反馈系统传递函数的响应
plot ( t , xi , 'r-.' , t , y , t , xi - y' , 'k: ' )
legend ( '输入' , '输出' , '误差' , 0 )
xlabel ( 't ( s ) ' ) , ylabel ( '幅值、误差' )
```

得到的结果如图 6-6 所示。

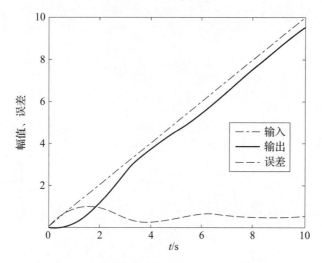

图 6-6　系统的单位斜坡响应及其稳态误差

命令窗口显示的运行结果为：

$e_s =$

$$s(s+1)(s+5)$$

$- - - - - - - - - - - - - -$

　$s^2(s+5.418)(s^2+0.5822s+1.846)$

Continuous - time zero/pole/gain model.

$e_{ss} =$

　0.5000

对于斜坡输入，该系统的稳态误差为 0.5，即实际的输出与希望的输出之间存在误差。

在上述程序中，命令行 plot（.，xi－y'，…）中的 xi－y' 为系统的输出误差，由于 y 为列向量，所以需要将其转置后才能与行向量 xi 相减。命令行 legend（…，pos）中 pos 的设置图例的位置，当 pos＝0 时，为选择最佳的图例位置。dcgain() 函数可用来计算 LTI 系统的稳态值，本例 $K=\mathrm{dcgain(sys)}$ 等价 $K=\lim_{s\to 0}\mathrm{sys}(s)$。

6.3　控制系统性能的频域指标

频域分析法可以根据频率特性曲线的形状及特征量分析研究系统，频率特性曲线的形状及特征量可以用频域指标来表示。频域指标包括开环频域指标和闭环频域指标。

6.3.1　开环频域指标

主要指幅值穿越频率 ω_c、相位穿越频率 ω_g、幅值裕度 k_g 和相位裕度 γ 等。

在 MATLAB 中，计算幅值裕度 k_g 和相位裕度 γ 的函数为 margin()，其调用格式如表 6-1 所示。

表 6-1	margin（）函数的调用格式
函数调用格式	说明
margin(sys)	基本调用，用于绘制 Bode 图，并在图中标出幅值裕度和相位裕度
[Gm,Pm,Wcg,Wcp]＝margin(sys)	返回幅值裕度 G_m，相位裕度 P_m，相位穿越频率 W_{cg} 和幅值穿越频率 W_{cp}，不绘制 Bode 图
[Gm,Pm,Wcg,Wcp]＝margin(mag,phase,w)	由给定幅频向量 mag、相频向量 phase 和对应频率向量 w，计算并返回 G_m、P_m、W_{cg} 和 W_{cp}。

【例 6-3】 系统开环传递函数为 $G(s) = \dfrac{k}{s(1+0.1s)(1+0.5s)}$，绘制当 $k=5$、30 时系统的幅值与相位裕度，并判断系统的稳定性。

【解】 编写如下的程序：

```
s = tf(' s ');
sys1 = 5/s/(1 + 0.1 * s)/(1 + 0.5 * s);        %建立模型 1，k = 5
sys2 = 30/s/(1 + 0.1 * s)/(1 + 0.5 * s);       %建立模型 2，k = 30
[Gm1，Pm1，Wcg1，Wcp1] = margin（sys1）
[Gm2，Pm2，Wcg2，Wcp2] = margin（sys2）
figure（1），margin（sys1）
figure（2），margin（sys2）
```

运行程序，命令窗口显示的运行结果为：

Gm1 =

　　2.4000

Pm1 =

　　19.9079

Wcg1 =

　　4.4721

Wcp1 =

　　2.7992

警告:The closed - loop system is unstable.

Gm2 =

　　0.4000

Pm2 =

　　－18.3711

Wcg2 =

　　4.4721

Wcp2 =

　　6.8885

得到的结果如图 6-7、图 6-8 所示。

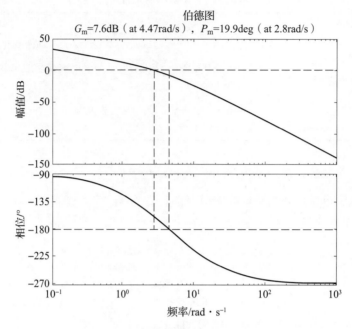

图 6-7　$k=5$ 时系统伯德图

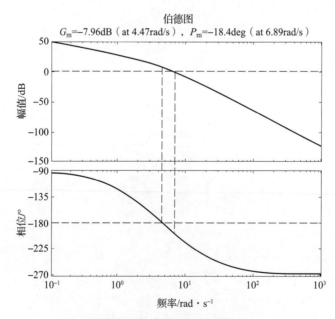

图 6-8　$k=30$ 时系统伯德图

以上计算结果表明，改变系统增益不会影响系统的相位穿越频率。

由图 6-7 可知，因为 $\omega_c < \omega_g$，所以 $k=5$ 时系统稳定；而由图 6-8 可知 $\omega_c > \omega_g$，所以当 $k=30$ 时，系统不稳定。注意，程序运行时，给出了"警告：The closed－loop system is unstable."。

6.3.2　闭环频域指标

对二阶系统而言，如图 6-9 所示闭环频率特性曲线，给出了闭环频域指标：闭环谐振峰值 M_r、谐振频率 ω_r 和闭环截止频宽 ω_b 等。

谐振频率 ω_r：表示幅频特性 $A(\omega)$ 出现最大值时所对应的频率。

闭环谐振峰值 M_r：表示幅频特性的最大值，反映了系统的相对稳定性。通常情况下，M_r 增大表明系统对频率的正弦信号反映强烈，阶跃响应超调量将随之增大，说明系统的相对稳定性较差。

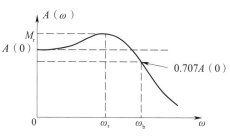

图 6-9　系统的闭环频域特性

闭环截止频宽 ω_b：表示幅频特性 $A(\omega)$ 的幅值下降至初始值的 $0.707A(0)$ 时，所对应的频率，它表示系统复现快速变化信号的能力。

【例 6-4】已知系统传递函数如下，计算系统的谐振峰值和谐振频率，并在幅频特性图上标示出来。

$$G(s) = \frac{3.6}{s^2 + 3s + 5}$$

【解】运行以下程序：

```
num = 3.6;den = [1 3 5];
sys = tf(num,den);                    % 建立系统模型
[mag,pha,w] = bode(sys);              % 获取 Bode 图数据
[M,i] = max(mag)                      % 求 Bode 图幅值最大值
Mr = 20 * log10(M)                    % 求谐振峰值,转化为分贝表示
Wr = w(i,1)                           % 求谐振频率
MdB = 20 * log10(mag(1,1,:));         % 幅值转化为分贝表示
semilogx(w,MdB(:))                    % 绘制幅频特性图
holdon                                % 打开叠加绘图
grid,title('幅频特性')                % 打开网格、填写图名
xlabel('\omega(rad/s)'),ylabel('|G|') % 填写坐标轴名
plot(Wr,Mr,'r + ');                   % 绘制标记" + "
holdoff                               % 关闭叠加绘图
```

得到如图 6-10 所示的结果。

命令窗口显示的运行结果为：

$M =$

　　0.7236

$i =$

```
      14
Mr =
    - 2.8103
Wr =
    0.7478
```

从以上结果可以看到，系统的谐振峰值 $M_r = -2.8103$ dB，谐振频率 $\omega_r = 0.7478$ rad/s。

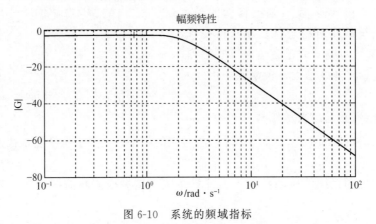

图 6-10　系统的频域指标

6.4　基于 LTI Viewer 的系统分析

MATLAB 提供了线性时不变（LTI）系统仿真图形工具——LTI Viewer，利用 LTI Viewer 不需要任何编程，就可以方便地完成控制系统的分析，可以绘制出阶跃响应图、脉冲响应图、伯特图、幅频特性图、Nyquist 图、Nichols 图、零极点分布图、奇异值响应图、Lsim 图等 10 种响应图形。在响应图上也可以得到有关的系统性能指标：峰值、幅值裕量、上升时间、相位裕量、调节时间等。

6.4.1　LTI Viewer 的基本应用

LTI Viewer 使用很简单，其过程包括：

① 在命令窗口输入：ltiview，再按回车键，系统就调用了 LTI Viewer 可视化仿真环境，窗口显示如图 6-11 所示。窗口默认的是阶跃响应。

② 在命令窗口建立要分析的系统模型。设有一个开环传递函数 $G(s) = \dfrac{20(s+5)(s+40)}{s(s+0.1)(s+20)^2}$，求单位负反馈系统的阶跃响应。在命令窗口运行以下命令，建立的 MATLAB 系统模型 sys 便存入了 MATLAB 工作区。

```
Gk = zpk([-5 -40],[0 -0.1 -20 -20],20);   % 开环传递函数
sys = feedback(Gk,1,-1);   % 单位负反馈传递函数
```

③ 在 LTI Viewer 窗口，单击菜单栏中【File】菜单，从下拉菜单中选择【Import】导入系统模型选项后，系统弹出如图 6-12 所示一个装入 LTI 系统模型的窗口。该窗口显示了工作区刚刚建立的两个系统模型对象。

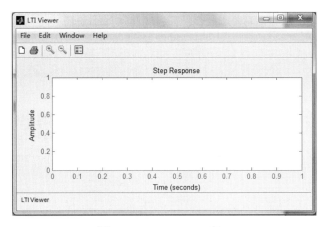

图 6-11　LTI Viewer 窗口

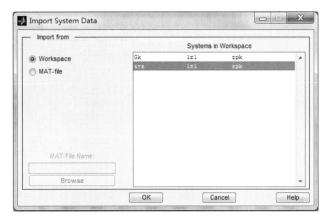

图 6-12　系统模型调入窗口

④ 在 LTI Viewer 中选择系统“sys”后，就显示系统的阶跃响应图形窗口，如图 6-13 所示。

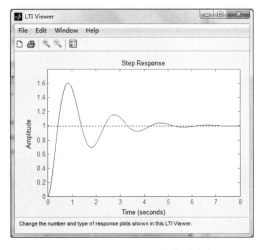

图 6-13　LTI Viewer 的阶跃响应

6.4.2 利用 LTI Viewer 的系统响应和性能分析

对系统模型的其他响应和性能的分析，可在以上简单应用基础上进行。LTI Viewer 提供了两个途径。

(1) 使用快捷菜单，在同一图形窗口进行分析

在图 6-13 窗口内空白处单击鼠标右键弹出快捷菜单，如图 6-14 所示。

在快捷菜单中选择【Plot Types】绘图类型选项，可以绘制系统的相应分析曲线。曲线类型可选择下列之一：Step（阶跃响应，默认设置）、Impulse（脉冲响应）、Bode 图、Bode Mag（幅频 Bode 图）、Nyquist 图、Pole/Zer（极点/零点图）等，如图 6-15 所示。

在上述所选绘制的曲线上，可以对系统进行各种性能分析。如图 6-14 所示，当前为阶跃响应曲线，在快捷菜单中选择【Characteristics】系统性能指标选项，该曲线的性能指标，如图 6-16 所示，包括 Peak Response（峰值时间）、Settling Time（调整时间）、Rise Time（上升时间）和 Steady State（稳态值）。选择一个性能指标后将会在曲线上标出相关特征点，可以多选。将阶跃响应曲线性能指标全选后，显示的特征点

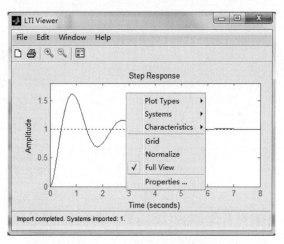

图 6-14　LTI Viewer 的快捷菜单

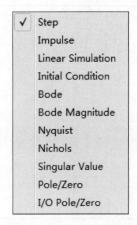
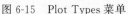

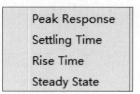

图 6-15　Plot Types 菜单　　　图 6-16　Characteristics 对应阶跃响应的选项

如图 6-17 所示。当用鼠标指向图中的圆点，即可显示出相关数据，如图 6-17 所示，当用鼠标指向阶跃响应的上升时间的圆点，即可显示出最大超调量 60.8％。

注意：当选择不同的类型响应曲线时，【Characteristics】菜单所对应的性能指标选项也不同，如图 6-18 所示为对应 Bode 图的性能指标选项。

快捷菜单的其他选项功能如下：【Systems】选择需要仿真的系统；【Grid】显示/取消显示坐标网格；【Normalize】对纵坐标归一化；【Full Viewe】使用系统提供的最大采样数显示曲线。

（2）使用【Edit】菜单，在多子图窗口进行分析

如图 6-19 所示的 LTI Viewer 窗口，选择菜单【Edit】→【Plot Configurations】选项后，弹出一个 Plot Configurations 图形配置窗口，如图 6-20 所示。该窗口左边提供了子图的组合，通过单选按钮选择。该窗口右边提供与每个子图对应的系统响应，每个响应的类型通过下拉列表选择，可选择的响应类型参考图 6-15 所示的内容。

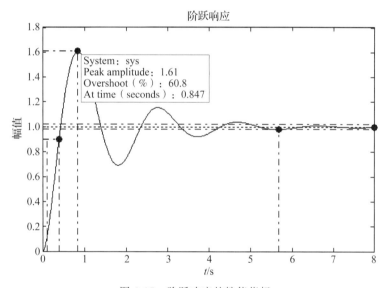

图 6-17　阶跃响应的性能指标

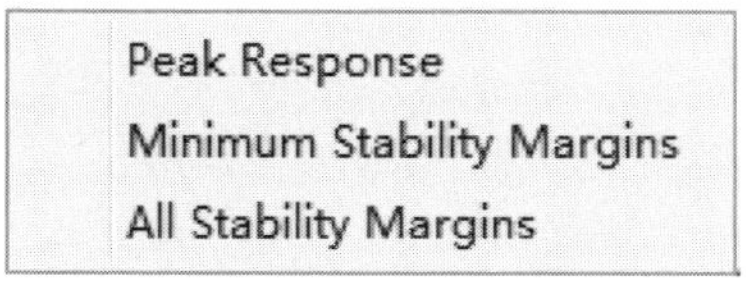

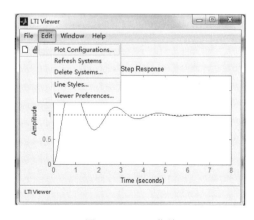

图 6-18　Characteristics 对应 Bode 图的选项

图 6-19　Edit 菜单

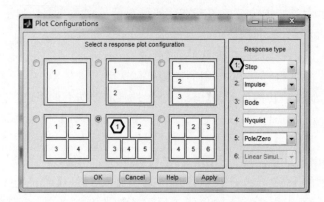

图 6-20　Plot Configurations 窗口

如图 6-20 所示的 Plot Configurations 窗口选择 5 个子图的组合，子图与响应类型通过序号一一对应（见图 6-20 中的六边形内数字），选择 1 号子图对应阶跃、2 号子图对应脉冲、3 号子图对应 Bode 图、4 号子图对应 Nyquist 图和 5 号子图对应 Pole/Zero 图，单击【OK】按钮后，即可绘制响应曲线，如图 6-21 所示。

另外，每个子图同样可使用快捷菜单的【Characteristics】，分别设置相关性能指标选项，如子图 1 的阶跃响应设置显示上升时间，子图 2 的脉冲响应设置显示峰值，子图 3 的 Bode 图设置显示稳定裕度，结果如图 6-22 所示。当用鼠标指向阶跃响应的上升时间的圆点，即可显示出上升时间 0.295 s。

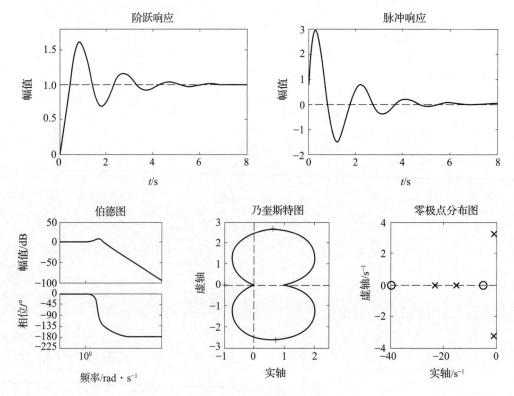

图 6-21　多子图的响应显示

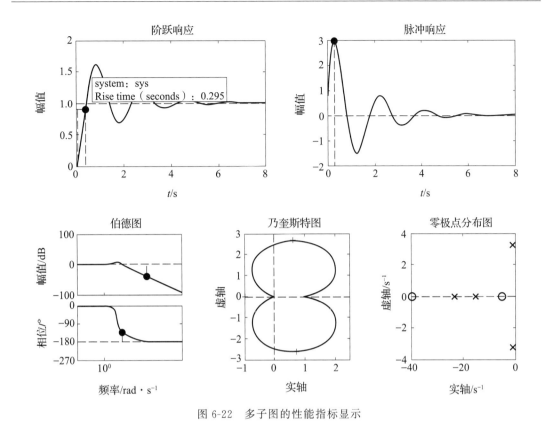

图 6-22　多子图的性能指标显示

6.4.3　LTI Viewer 的其他设置

(1) LTI Viewer 系统属性的设置

在 LTI Viewer 窗口，选择菜单【File】→【Toolbox Preferences⋯】选项后，系统弹出如图 6-23 所示的控制系统工具箱属性设置窗口。在该窗口，可以设置控制系统中的各项属性值，这些属性包括坐标单位、对系统性能指标的描述（如调节时间定义、上升时间的定义等）、坐标颜色、坐标字体大小等。

注意：【Toolbox Preferences⋯】选项只对新建立或重新启动的 LTI Viewer 窗口属性进行设置，对当前窗口无效。

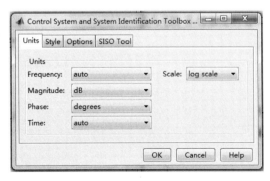

图 6-23　LTI Viewer 系统属性设置窗口

（2）当前窗口属性的设置

对当前的窗口进行设置，在 LTI Viewer 窗口，选择菜单【Edit】，其下所包含的菜单选项如图 6-24 所示。【Plot Configurations】（图形配置）在前面已说明。其他菜单选项的主要功能如下：

如果对已装入 LTI Viewer 的仿真模型进行了修改，【Refresh Systems】选项对 LTI Viewer 中的模型进行刷新；【Delete Systems】选项则可以删除 LTI Viewer 中不需要的模型。

如果修改图形的外观等，使用【Viewer Preferences】对当前窗口的坐标单位、范围、颜色、字体等进行设置，如图 6-25 所示。

使用【Line Style】选项，对曲线的线型、颜色、标志等进行设置。

此外，如果对图名、坐标轴名进行更改，还可以在图 6-14 的快捷菜单中，选择【Properties】选项，或双击图形空白处，都可弹出 Properties 编辑窗口进行设置，如图 6-26 所示。

（3）数据显示框的属性设置

在曲线上单击左键，在该处出现小的黑方块的标记点如图 6-27 所示，并在数据显示框内显示数据。在标记点上单击右键，弹出快捷菜单如图 6-28 所示，对选择的标记点及对应的数据显示框属性进行设置。

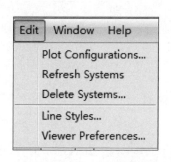

图 6-24　Edit 下拉菜单项

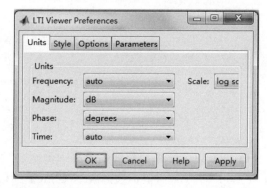

图 6-25　LTI Viewer Preferences 属性设置

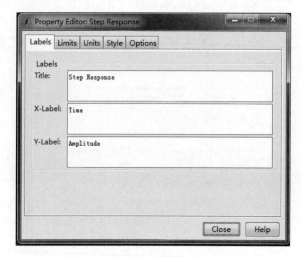

图 6-26　Properties 属性设置窗口

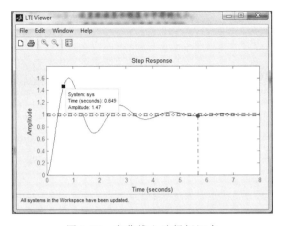

图 6-27　在曲线上选择标记点　　　　　　图 6-28　标记点快捷菜单

标记点快捷菜单的设置如下：

【Alignment】设置数据显示框相对于标记点的位置（上右、上左、下右、下左）。

【Font Size】设置数据显示框显示字符的大小。

【Movable】将指定的标记点设置成活动的。

【Delete】删除指定的标记点及对应的数据显示框。

【Interpolation】标记点被鼠标拖动时的插值方式选择。Nearst——根据系统给出的采样点运动（运动不连续）；Linear——在两采样点间采用线性插值，根据插值数据运动（连续）。

同理，在性能指标的标记圆点上单击右键，弹出快捷菜单，用于对其数据显示框属性进行设置。

数据显示框仅在操作期间显示，用于临时查看，当离开相应操作后马上消失。

习　　题

1. 系统的开环传递函数为 $G(s) = \dfrac{k}{s(s^2 + 7s + 17)}$。

（1）试绘制 $k = 10$、100 时单位闭环系统的阶跃响应曲线，并计算稳态误差、上升时间、超调量和过渡过程时间。

（2）试绘制 $k = 1000$ 时单位闭环系统的阶跃响应曲线，与 $k = 10$、100 时所得的结果相比较，分析增益系数与系统稳定性的关系。

2. 典型二阶系统的传递函数为：$G(s) = \dfrac{0.64}{s^2 + 0.8s + 0.64}$，应用 LTI Viewer 对系统进行分析。

3. 控制系统如图 6-29 所示，系统的传递函数为 $G_p(s) = \dfrac{s+2}{s^2 + 2s + 2}$，控制器传递函数为 $G_c(s) = \dfrac{2}{s(s+3)}$，使用 LTI Viewer，试分析系统的特性。

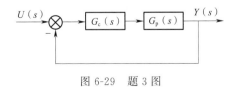

图 6-29　题 3 图

第7章 Simulink 动态仿真基础

Simulink 是用来对动态系统进行建模、仿真和分析的工具之一，是基于 MATLAB 之上的仿真平台，与 MATLAB 紧密地集成在一起。Simulink 中的"Simu"一词表示可用于计算机仿真，而"link"一词表示它能进行系统连接，即把一系列模块连接起来，构成复杂的系统模型。

本章主要介绍 Simulink 的仿真环境、模块基本功能和基本操作方法、仿真环境参数的设置、仿真的运行、子系统的创建等，并通过例题理解上述内容。

7.1 Simulink 仿真环境

Simulink 是可提供动态系统建模、仿真和综合分析的集成仿真环境。Simulink 集成仿真环境包括 Simulink 模块库和 Simulink 仿真平台。

7.1.1 启动 Simulink 仿真环境

单击主页的 Simulink 图标（图 7-1 虚线框内），或者在 MATLAB 命令窗口中输入"simulink"，即弹出如图 7-2 所示的模块库浏览器（Simulink Library Browser）窗口，该窗口分为左右两部分。左侧以文件的形式列出了各个模块库，其中 Simulink 模块是基础模块库，其他是专业模块库。模块库提供了各种基本模块，它按应用领域以及功能组成若干子库。单击 Simulink 模块库前面的三角号可展开和折叠其所属的模块子库。在如图 7-2 所示的窗口左侧单击 Simulink 模块库，在窗口右侧则以图标列出了所选的 Simulink 模块库的所有模块子库。

MATLAB 2014.a 版本的 Simulink 模块库包含 16 个模块子库。常用的模块子库有：

① Sources（信号源）模块子库，为仿真提供各种信号源。

② Sinks（显示输出）模块子库，为仿真提供显示输出模块。

③ Continuous（线性连续系统）模块子库，为仿真提供连续系统模块。

④ Discrete（线性离散系统）模块子库，为仿真提供离散模块。

⑤ Math Operations（数学运算）模块子库，为仿真提供数学运算功能模块。

⑥ User-Defined Functions（用户自定义函数）模块子库，为仿真提供自定义函数模块。

图 7-1 MATLAB 主页

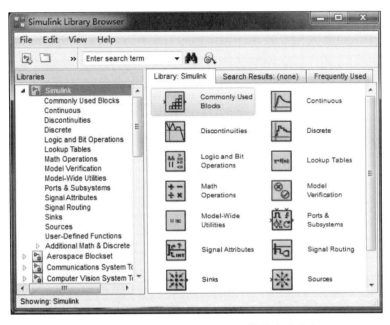

图 7-2　模块库浏览器及 Simulink 模块库的子库

⑦ Commonly Used Blocks（常用模块）模块子库，为仿真提供常用模块。

⑧ Signals Routing（信号路由）模块子库，为仿真提供用于输入、输出和控制相关信号及相关处理模块。

⑨ Ports&Subsystems（端口与子系统模块）模块子库，为仿真提供各种端口与子系统模块。

每个模块子库中包含同类型的标准模块，这些标准模块可直接用于建立系统的 Simulink 框图模型。用鼠标左键单击窗口左边某模块子库，将打开该模块子库，并在窗口右边显示所属的模块。如图 7-3 所示为 Simulink 模块库中 Continuous 模块子库下的所属模块。

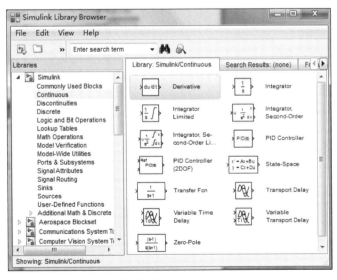

图 7-3　Simulink 模块库中 Continuous 模块子库下的模块

模块构成包括输入和输出端口：作为模块之间传递数据的纽带，连接输入信号和输出信号。模块外观通常为矩形或圆形，上面带有说明文字或图像并显示有输入和输出端口名。模块参数对话框：双击模块外观后弹出的参数设置窗口，可以进行模块参数设置。

7.1.2　创建 Simulink 仿真平台

Simulink 仿真平台也称为 Simulink 仿真模型窗口，简称模型窗口。Simulink 仿真平台是利用 Simulink Library Browser 下的模块库，来建立用户的系统仿真模型。

通过以下方法可进入 Simulink 仿真平台：

① 在 MATLAB 主界面中主页下，选择菜单命令：新建→Simulink Model，如图 7-4 所示。

② 在模块库浏览器下，在工具栏中，单击 图标，如图 7-5 所示；或选择菜单命令【File】→【New】→【Model】，如图 7-6 所示（箭头处）。

图 7-4　MATLAB 主界面下

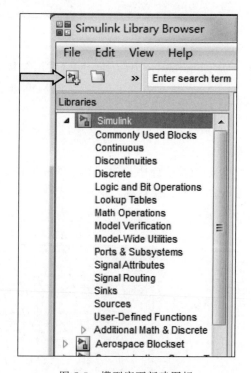

图 7-5　模型库下新建图标

用上述方法所打开的空白模型窗口即为 Simulink 仿真平台或 Simulink 仿真模型窗口，如图 7-7 所示。

在图 7-7 创建的空白的模型窗口内，将模块库的相应模块复制到该窗口，通过必要的连接，将建立属于用户的 Simulink 系统仿真模型。

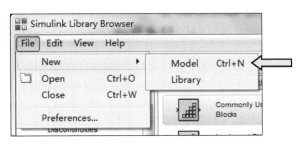

图 7-6　模型库下文件菜单

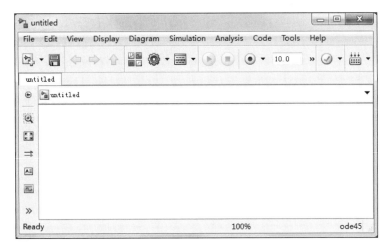

图 7-7　空白模型窗口

7.2　Simulink 库的使用介绍

在 Simulink 模块库浏览器中，可以按照类型选择合适的系统模块、获取系统模块的简单描述以及查找系统模块等，也可以直接将模块库中的模块拖动或者拷贝到属于用户的系统模型中以构建动态系统仿真模型。

本节通过介绍一些常用的 Simulink 模块库中的模块及其使用方法来理解模块的作用，以便在使用 Simulink 建立仿真模型时，能够正确选用模块并拼搭在一起，构建复杂系统的仿真模型。

以下对模块参数设置的操作需要将模块复制到的空白模型窗口，双击该模块，即弹出模块的参数设置对话框，可根据需要对模块进行设置。相同的设置不重复说明。

7.2.1　Sources 子库

该子库也称为信号源库、包含可向仿真模型提供信号的模块，如图 7-8 所示。它没有输入口，但至少有一个输出口。

图 7-8 中的每一个图标都是一个信号模块，下面介绍几个常用的模块及模块参数设置。

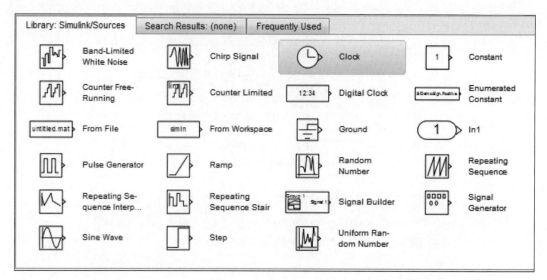

图 7-8　信号源模块子库

（1）Step 阶跃模块

输出阶跃信号，模块参数设置对话框如图 7-9 所示。

【Step time】表示信号发生阶跃变化的时间。【Initial value】表示信号阶跃时刻之前的值。【Final value】信号阶跃时刻之后的值。【Sample time】表示采样时间（0：连续；＞0：离散采样时间；－1：继承系统采样时间）。

勾选【Interpret vector parameters as 1-D】，将向量视为一维输出。否则，模块输出与参数具有相同维度和维数的信号。

（2）Sine Wave 正弦模块

模块参数设置对话框如图 7-10 所示。输出的正弦信号类型由【Sine type】的下拉列表选择，Time based 为输出连续正弦信号，Sample based 为输出离散正弦信号。

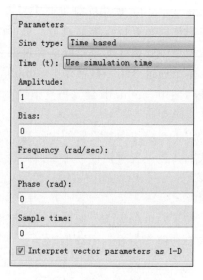

图 7-9　阶跃信号参数对话框　　　　图 7-10　正弦信号参数对话框

输出的正弦信号的时间源由【Time】的下拉列表选择，Use simulation time 表示使用仿真时间；Use external signal 表示使用外部输入信号。

在图 7-10 默认情况下，连续信号表示为 y＝Amplitude ＊ sin（Frequency ＊ time＋Phase）。

其中各参数的意义为：Amplitude 表示信号的幅度；Frequency 表示信号的频率（rad/s）；Phase 表示信号的相位（rad）。

（3）Clock 时钟模块

显示并提供仿真时间。模块参数设置对话框如图 7-11 所示。

使用【Display time】复选框，在模块图标上显示当前仿真时间，并改变其图标的外观；【Decimation】表示设置时钟更新的频率，所填写的数字表示每隔几个采样点更新一次时钟。可以是任意正整数，如取值为 10，固定积分步长为 1 ms，则时钟将每隔 10 ms 更新一次。

图 7-11　时钟参数对话框

（4）其他模块的意义

① In 模块。子系统输入。

② Constant 模块。生成一个常量值。

③ Signal Generator 模块。生成变化的波形。

④ Ramp 模块。生成一个连续递增或递减的信号。

⑤ Repeating Sequence 模块。生成一个重复的任意信号。

⑥ Pules Generator 模块。生成有着规则间隔的脉冲。

⑦ Chirp Signal 模块。产生一个频率递增的正弦波。

⑧ Ground 模块。将未连接的输入端口接地。

⑨ Digital Clock 模块。提供给定采样频率的仿真时间。

⑩ From File 模块。从文件读取数据。

⑪ From Workspace 模块。从工作区的矩阵中读取数据。

⑫ Random Number 模块。生成正态分布的随机数。

⑬ Uniform Random Number 模块。生成均匀的随机数。

⑭ Band-Limited White Noise 模块。给连续系统引入白噪声。

7.2.2　Sinks 子库

该子库包含了显示和输出 Simulink 仿真过程和结果的模块，如图 7-12 所示。

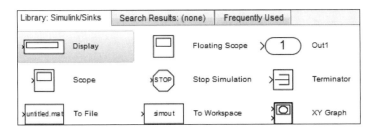

图 7-12　Sinks 模块子库

（1）Scope 示波器模块

Scope 模块是 Simulink 仿真过程的用户交互界面，非常重要。

Scope 模块可以通过图形显示输入的仿真数据，此处的输入是相对 Scope 来定义的，实际上是动态系统仿真模型的输出。

如果信号是连续的，Scope 生成由点连成的图形；如果信号是离散的，Scope 生成阶梯图。Scope 提供工具条按钮，可以缩放显示的数据、显示所有的数据、将一个仿真中坐标轴的设置保存给下一个仿真、限制显示的数据、保存数据到工作区等。

双击 Scope 模块，即弹出如图 7-13 所示的示波器窗口。

当将鼠标滑移到示波器窗口的工具条上方时，会有图标功能提示，一般操作几次就可以了解各个功能。如图 7-13 所示，当鼠标停留在工具条的第二个图标，提示"Parameters"，单击就可进入属性设置窗口，共有 3 个选项卡。

① 示波器通用设置选项卡中参数的意义和设置如图 7-14 所示。

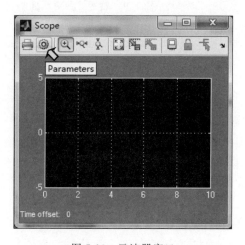

图 7-13　示波器窗口

图 7-14　示波器通用设置选项卡

【Number of axes】为坐标轴数，在该数域中设置 Y 轴数，Y 轴独立，但共用一个时间基准（X 轴），坐标轴的个数等于输入端口的个数。

【Time range】为时间范围，用于设定示波器时间轴的最大值，一般可选 auto，则 X 轴可自动以系统仿真起始和终止时间作为示波器的时间显示范围。

【Tick labels】选择标签的贴放位置。

【Sampling】用于选择数据取样方式。下拉列表框中，如果选择 Decimation 抽取，在右侧文本框输入 N 时，从每 N 个输入数据中抽取 1 个显示。如果选择 Sample time 采样时间，在右侧文本框输入 N 时，按采样时间间隔 N 抽取数据显示。

【Floating Scope】为浮动示波器。复选框被勾选后，该示波器即成为浮动示波器，单击示波器窗口的 ，在弹出的仿真模型窗口的信号列表中可选择需要显示的信号（不需要连线）。

② 示波器历史设置选项卡中参数的意义和设置如图 7-15 所示。

【Limit data points to last】为设定数据缓冲区的长度，默认状态为 5000。若数据长度超过 5000，仅显示最后的 5000 个数据。若不选择该项，所有数据都显示，但对计算机内存要求较高。

【Save data to workspace】为确定示波器数据是否保存到 MATLAB 工作区。默认时，不被勾选。若勾选则为保存，输出到由变量名指定的矩阵或结构中。

【Format】为数据的保存格式。Format 有 3 种选择：Structure with time、Structure 和 Array。

Structure with time 将 Scope 模块获取到的采样信号保存在结构数组中，这个结构数组包括 3 个成员变量：时间序列的 time、对应采样时间点的采样数据及相关信息的结构数组 signals、模块全路径及名字的变量 block name。signals 本身也是一个结构数组，其域 values 保存对应 time 采样时间的采样数据。

Structure 保存类型相对于 Structure with time 少了采样时间 time，其他成员保存方式是相同的。

Array 保存方式则通过列向量方式，保存仿真过程的采样时间和数据。ScopeData 的首列为时间列，第二列为数据列。Array 保存方式不支持 Scope 有多个输入端口的情况，如果需要有多个输入，需要将多个输入通过 mux 模块汇总成一条多维信号线再输入到 Scope 的端口中使用。

上述各种成员构成的数据结构，保存为一个变量，从 Scope 模块导出到工作区。

【Variable name】为存放数据的变量名。默认变量名为 ScopeData，访问结构数组采样数据的方式为 ScopeData. signals. values，采样数据按列保存。若要获取采样时间 time，则使用 ScopeData. time，按列保存。当 Scope 有多个输入端口时，每个端口的数据保存到不同的 signals，访问时使用索引来区分每个端口的 signals 成员，如 ScopeData. signals（2）。

③ 示波器风格设置选项卡中参数的意义和设置如图 7-16 所示。

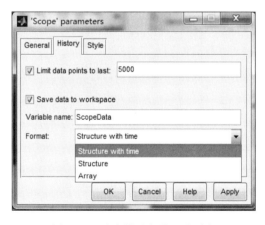

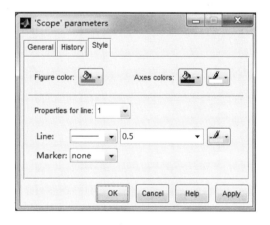

图 7-15　示波器历史设置选项卡　　　　图 7-16　示波器风格设置选项卡

【Figure color】表示设置示波器窗口的背景颜色。单击下拉列表选择颜色。

【Axes colors】表示设置坐标轴的颜色。左侧下拉列表选择颜色，设置坐标轴的颜色。右侧下拉列表选择颜色，设置文字的颜色。

【Properties for line】表示选择所绘制的曲线。

【Line】表示对所绘的曲线设置线型、宽度、颜色。

【Marker】表示对所绘曲线的数据点进行标识。

关于示波器纵坐标轴的设置。在示波器坐标框内单击鼠标右键，弹出一个快捷菜单，如图 7-17 所示。选中菜单项【Axes properties】（虚线框图），弹出纵坐标设置对话框，如图 7-18 所示。从中可填写所希望的纵轴下限、上限及图形标题。

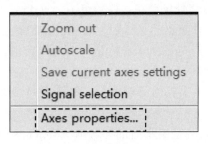

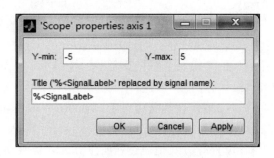

图 7-17　快捷菜单　　　　　　　　　　　图 7-18　Y 轴属性对话框

（2）Display 数值显示模块

与 Scope 示波器显示不同，Display 用数值形式显示当前输入的数据，不适合快速变化数据的显示。Display 模块参数设置对话框如图 7-19 所示，【Format】表示设置显示数值格式；【Decimation】表示设置模块数值更新的频率，意义同时钟模块。

（3）To File 写数据到文件模块

可以将仿真数据保存到扩展名为 .MAT 的数据文件中，以增量方式写入。可设置抽取频度。To File 模块参数设置对话框如图 7-20 所示，各参数的意义可参照以上对话框了解。

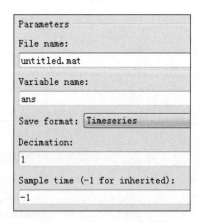

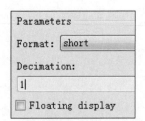

7-19　Display 参数设置对话框　　　　　　图 7-20　To File 参数设置对话框

（4）其他模块的意义

① To Workspace 模块。写数据到工作区里定义的矩阵变量，以列方式保存数据。

② XY Graph 模块。$X-Y$ 绘图仪，将两路输入分别作为示波器的两个坐标轴，以第一个端口为 X 轴，以第二个端口为 Y 轴。可设置 X、Y 轴的坐标范围。

③ Out 模块。表示系统的输出端子，用于将数据传递给工作区或其他系统模块。

④ Stop Simulation 模块。终止仿真，可接受向量输入，任何分量非零时就结束仿真。

⑤ Terminator 模块。信号终结，连接到输出闲置的模块输出端，可避免出现警告。

7.2.3　Continuous 子库

该子库包含描述线性连续函数的模块，如图 7-21 所示，可以使用微分方程、传递函数、状态空间表示形式来对系统建模。

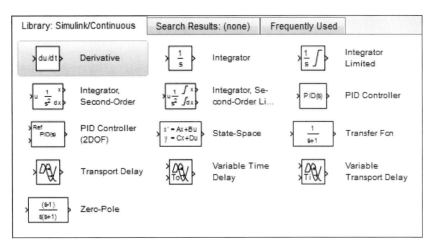

图 7-21　Continuous 模块子库

（1）Integrator 积分模块

模块输出为其输入信号的积分。积分模块参数设置对话框如图 7-22 所示。

在【External reset】对积分器状态进行复位，有如下选择：［none］关闭外部复位；［rising］触发信号上升通过零点时，开始复位；［falling］触发信号下降通过零点时，开始复位；［either］无论触发信号上升或下降通过零点时，都开始复位；［level］当触发信号非零时，使积分器输出保持在初始状态。

在【Initial condition source】设置初始条件，有 2 个选择：［external］从外部输入源设置初始条件；［internal］在积分器模块参数对话框的［Initial condition］中，设置初始条件。

在【Limit output】设置积分器输出的上下饱和限，使得积分器输出不会超过该值。【Upper saturation limit】设置积分输出的上饱和限；【Lower saturation limit】设置积分输出的下饱和限。

勾选【Show saturation port】则在模块上显示饱和输出端口，用以提供输出饱和信息。输出信号分 3 种情况：输出 1，表示积分器处于上饱和限；输出 0，表示积分器处于正常范围内；输出 -1，表示积分器处于下饱和限。

勾选【Show state port】表示给模块上显示一个输出状态端口，用以提供输出状态信息。state port 的输出与 output port 的输出相同，但是在复位时，state port 的输出要比 output port 的输出早，因此当要采用积分器的输出来进行复位时，就可以采用状态口的输出作为复位信号以避免代数环。

（2）Transfer Fcn 传递函数模块

分子、分母为多项式形式的传递函数。模块的参数设置对话框如图 7-23 所示，包括【Numerator coefficients】分子系数、【Denominator coefficients】分母系数。分子系数、分母系数的输入参照第 4 章的内容，注意用方括弧括起来。

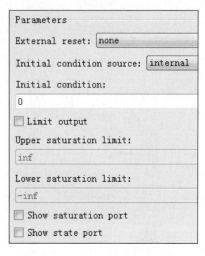

图 7-22　Integrator 参数对话框

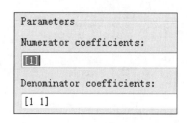

图 7-23　Transfer Fcn 参数对话框

（3）其他模块的意义

① Derivative 模块。数值微分器，模块的输出为其输入信号的一阶数值微分。在实际使用中应尽量避免使用该模块。

② State-Space 模块。线性状态空间表达式的系统建模。

③ Zero-Pole 模块。零极点增益形式的传递函数。

④ Transport Delay 模块。延时环节，用于将输入信号延迟指定的时间后输出。

7.2.4　Math Operations 子库

该子库中模块的功能就是将输入信号按照模块所描述的数学运算进行函数计算，并把运算结果作为输出信号输出。一些常用的模块如图 7-24 所示。

（1）Sum 加法器模块

该模块为求和装置，模块参数设置对话框如图 7-25 所示，包括【Icon shape】图形形状、【List of signs】输入信号个数和符号。图中选择图形为圆形、2 个输入信号都为加号，可以用减号实现减法运算。

（2）Product 乘法器模块

将输入的标量或矩阵相乘（或除）后的结果输出，输入数据的类型必须一致。模块参数对话框中【Number of inputs】下面框中设置输入的个数，如图 7-26 所示。

（3）其他模块的意义

① Abs 模块。绝对值函数，输出为输入信号的绝对值。

② Gain 模块。增益函数，将输入信号乘上指定的增益。

③ Math Function 模块。实现一个数学函数，通过参数设置对话框，可选取指数函数、

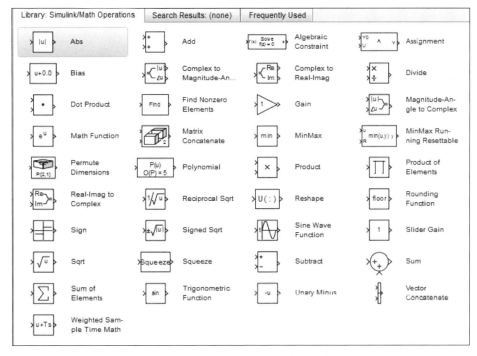

图 7-24　Math Operations 模块子库

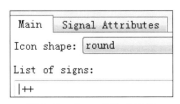

图 7-25　Sum 参数对话框

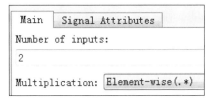

图 7-26　Product 参数对话框

对数函数、幂函数、开平方函数等。

④ Sign 模块。符号函数，模块的输出为输入信号的符号。

⑤ Dot Product 模块。点积函数，对两个输入向量作点积运算，向量的元素可以是复数，但元素的个数必须相等。

⑥ Sum of Elements 模块。元素求和函数，有两种用途，其一与加法器相同；其二是只有一个输入时直接对输入向量的元素求和。可通过设置选择其中的一种用途。

⑦ Bias 模块。偏差函数，该模块的输出为输入加所设置的偏差。

7.2.5　Signals Routing 子库

该子库对仿真模型窗口中的模块之间信号的传递进行控制，相关模块如图 7-27 所示。常用的模块作用如下：

(1) Mux 信号合成器模块

将多路信号依照向量的形式混合成一路信号。在模块参数对话框中【Number of inputs】下面框中设置输入的个数，如图 7-28 所示。

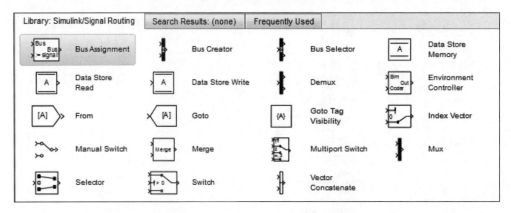

图 7-27　Signals Routing 模块子库

（2）Demux 信号分路器模块

将信号合成器输出的信号依照原来的构成方法分解成多路信号。在模块参数对话框中【Number of outputs】下面框中设置输出的个数，如图 7-29 所示。

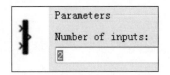

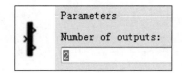

图 7-28　Mux 图标及参数对话框　　　　　　　图 7-29　Demux 图标及参数对话框

（3）其他模块的意义

① Switch 模块。切换开关，若中间的输入信号大于或等于预先设定的阈值，则顶部的输入被接通，否则底部的输入被接通。

② Bus Creator 模块。总线信号生成器，可从多路输入信号中选择部分或全部生成总线信号。

③ Bus Selector 模块。总线信号选择器，用于选择总线信号或合成信号中的一个或多个。

④ Selector 模块。选路器，从多路输入信号中，按希望的顺序输出所需路数的信号。

7.2.6　User-Defined Functions 子库

该子库是 Simulink 提供的一个可以用户自定义的功能扩展模块库，如图 7-30 所示。

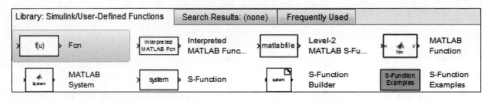

图 7-30　User-Defined Functions 模块子库

此处仅介绍用于将 m 函数文件引入到 Simulink 中的 Interpreted MATLAB Function 模块。

Interpreted MATLAB Function 模块是解释性的 MATLAB 函数，采用 MATLAB 本身的引擎来解释执行对应的 MATLAB 函数。使用此模块前需要单独编写 m 函数文件，利用此 m 函数文件对输入信号进行计算后，将结果输出，可实现自定义函数的功能。

如图 7-31 所示，在模块参数对话框【MATLAB function】下面框中设置 m 函数文件名，将 m 函数文件与此模块相连。【Sample time（-1 for inherited）】的参数设置为－1 表示继承采样时间。

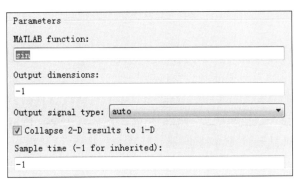

图 7-31　Interpreted MATLAB Function 参数对话框

7.3　Simulink 系统仿真模型的创建

首先在 Simulink 环境中，启动 Simulink 仿真平台，建立一个空白的模块窗口"untitled"，然后利用 Simulink 提供的模块库，在此窗口中创建所需要的 Simulink 模型。

7.3.1　模块的操作

在创建模型之前先了解一下模块的操作。

（1）选取建模所需模块

打开相应的 Simulink 模型库的子库，用鼠标左键单击所需模块图标，图标四角出现黑色小方点，表明该模块已经选中。

（2）模块添加及删除

在选中模块上，按下鼠标左键，然后将这个模块拖曳到模型编辑窗口中即可。或在选中模块上单击右键，弹出快捷菜单，选择【Add to untitled】添加到模型编辑窗口。

模型编辑窗口的模块可以反复添加，通过复制粘贴进行。选择菜单【Edit】→【Cut】、【Copy】、【Paste】等剪贴板操作即可。

模块的删除则只需选定要删除的模块，按＜Delete＞键或选择菜单【Edit】→【Delete】即可。

（3）模块调整

① 改变模块位置。用鼠标选取要移动的模块，按下左键并保持，拖动模块至期望位置，然后松开鼠标。

② 改变模块大小。用鼠标选取模块，并对其中任意一个四角的小方块出现斜双向箭头，拖动鼠标即可改变模块大小。

③ 改变模块方向。使模块输入输出端口的方向改变。选中模块后，选择菜单【Format】→【Rotate Block】选项，可使模块旋转 90°，或按快捷键＜Ctrl＋R＞，结果相同。

（4）模块参数设置

在选中的相应模块上用鼠标左键双击，或单击右键，在弹出的快捷菜单中单击【Block parameters】选项，即可打开该模块的参数设置对话框，根据对话框栏目中提供的信息进行参数设置或修改。

（5）模块的连接

一般情况下，每个模块都有一个或者多个输入口或者输出口。输入口通常是模块的左侧的“＞”符号；输出口是右侧的“＞”符号。

模块之间的连接线是信号线，表示标量或向量信号的传输，连接线的箭头表示信号流向。连接线将一个模块的输出端与另一模块的输入端连接起来，也可用分支线把一个模块的输出端与几个模块的输入端连接起来。

① 模块间的连接。把鼠标指针放到模块的输出口，这时，鼠标指针将变为十字形“＋”；然后，拖运鼠标至其他模块的输入口，这时信号线就变成了带有方向箭头的线段。此时，说明这两个模块的连接成功，否则需要重新进行连接。

也可采用快速连接法，即选取源模块后，按住＜Ctrl＞键，再用鼠标左键单击目标模块，则两模块自动连接。

② 分支线的连接。在已经连接好的信号线上，将鼠标置于分支点，按下鼠标右键，看到光标变为十字，拖动鼠标至另一个模块的输入端口释放，连接到另一个模块。

或将鼠标置于分支点，按住＜Ctrl＞键，再按下鼠标左键，看到光标变为十字，拖动鼠标至另一个模块的输入端口释放，连接到另一个模块。

这样就可以根据需要由一个信号线引出多条信号线。

（6）模型文件的命名和保存

新创建的模型窗口是未命名的（见图 7-7），为了使建好的 Simulink 仿真模型能够重复使用，可以将其保存为 Simulink 模型文件. mdl。具体方法是：选择模型窗口菜单【File】→【Save as】选项后，弹出一个【Save as】对话框，添入模型文件名，单击【保存】按钮即可。

7.3.2 Simulink 环境下的仿真运行

Simulink 系统建模之后运行仿真，以检验模型建立得是否正确与完善，一般通过系统的状态或输出来观测系统的运行过程。

Simulink 对系统仿真的控制是通过系统模型与求解器之间建立对话的方式进行的。Simulink 将系统模型、模块参数与系统方程传递给 Simulink 的求解器，而求解器将计算出的系统状态与仿真时间，通过 Simulink 环境传递给系统模型本身，通过这样的交互作用方式来完成动态系统的仿真。

但对建好的系统模型进行仿真并取得预期效果仍需要了解 Simulink 仿真运行的环境。Simulink 一般使用窗口菜单命令进行仿真，方便且人机交互性强，可以较容易地进行仿真算法以及仿真参数的选择、定义和修改等操作。

使用窗口菜单命令进行仿真，主要可以完成以下一些操作过程。

（1）设置仿真参数

选择 Simulink 仿真平台窗口菜单命令【Simulation】→【Model Configuration Parameters】或单击工具条的 ⚙ 按钮可以打开仿真参数设置对话框，如图 7-32 所示，在此对话框中进行仿真参数及算法的设置。

图 7-32　仿真参数设置对话框

① Solver 选项。设置仿真时间、积分解法以及步长等参数。

【Simulation time】为仿真时间设置，【Start time】设置仿真开始时间，【Stop time】设置仿真终止时间，可通过页内文本框内输入相应数值，单位"秒"。另外，用户还可以利用 Sinks 库中的 Stop 模块来强行中止仿真。

【Solver options】为仿真算法选择，【Type】设置选择步长的类型，分为定步长和变步长两类。选择定步长如图 7-33 所示，可在【Fixed-step size】文本框中指定步长。若选择 auto 则由计算机自动确定步长；在【Solver】设置求解微分方程的算法。

算法的误差是指当前状态值与当前状态估计值的差值，即【Absolute tolerance】绝对误差，如果选 auto，则绝对误差的容限为 10^{-6}。

```
Solver options

Type: Fixed-step                           ▼   Solver: ode3 (Bogacki-Shampine)

Fixed-step size (fundamental sample time):     auto
```

图 7-33　定步长选项

相对误差【Relative tolerance】则指该误差相对于当前状态的值，默认值为 10^{-3}，即精确到 0.1%。

② Data Import/Export 选项。对话框的界面如图 7-34 所示，设置 Simulink 和MATLAB工作区数据的输入、输出以及数据保存时的格式、长度等参数。

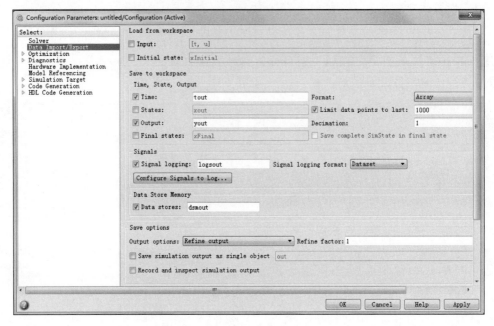

图 7-34　Data Import / Export 界面

③ Diagnostics 选项。选择在仿真过程中警告信息显示等级。该选项分 6 个异常情况诊断子项，在每个子项下的列表框中主要列举了一些常见的事件类型以及当 Simulink 检查到了这些事件时给予什么样的处理（由用户确定）。

（2）启动仿真

完成仿真参数的设置后，就可以开始仿真。确认模型编辑窗口为当前窗口，选择菜单命令【Simulation】→【Run】或单击工具栏中的 ⏵ 图标启动仿真。

（3）显示仿真结果

如果建立的模型没有错误，选择的参数合适，则仿真过程将顺利进行。这时，双击模型中用来显示输出的模块（如 Scope 显示器模块），就可以观察到仿真的结果。当然，也可以在仿真开始前先打开显示输出模块，再开始仿真。

（4）停止仿真

对于仿真时间较长的模型，如果在仿真过程结束之前，用户想要停止此次仿真过程，可以选择菜单命令【Simulation】→【Stop】或单击工具栏中的 ⏹ 图标停止仿真。

7.3.3　Simulink 的仿真示例

Simulink 对动态系统的仿真可运用在各个领域，下面通过几个例题来了解仿真运行的环境、解题的思路和方法。

（1）简单系统仿真

简单系统满足以下条件：系统某一时刻的输出直接且唯一依赖于该时刻的输入值。系统对同样的输入，其相应输出不随时间的变化而变化；系统中不存在输入的状态量，所谓的状态量是指系统输入的微分。

【例 7-1】 对于下述的简单系统：

$$y(t) = \begin{cases} 3u(t) \ , \ t > 10 \\ 5u(t) \ , \ t \leqslant 10 \end{cases}$$

其中 $u(t) = \sin(t)$ 为系统输入，$y(t)$ 为系统输出。建立该简单系统的模型并进行仿真分析。

【解】 ① 建立系统模型。新建一个 Simulink 模型窗口，在新建模型窗口中根据系统的数学描述选择合适的 Simulik 系统模块，建立简单系统的 Simulink 模型，如图 7-35 所示。

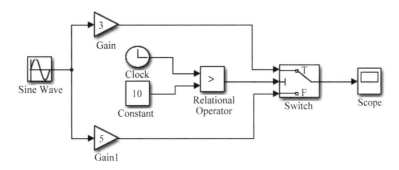

图 7-35　建立简单系统的 Simulink 模型

在如图 7-35 所示的模型中，Sine Wave 模块来自 Sources 子库，作为系统的输入信号。Gain 和 Gain1 模块来自 Math Operations 子库，作为输入信号的增益。Constant 模块来自 Sources 子库，它是用来与 Clock 提供的时间信号作比较的。Relational Operator 模块来自 Logic and Bit Operations 子库，用于比较两个信号。Switch 模块来自 Signal Routing 子库，用于实现系统的输出选择。Scope 模块来自 Sinks 子库，用于观察系统的输出。

② 系统模块参数设置。在完成系统模型的建立之后，需要对系统中各模块的参数进行合理的设置，以符合系统内部的要求。

Sine Wave 模块：采用 Simulink 默认的参数设置。

Gain 模块：增益设为 3。

Gain1 模块：增益设为 5。

Constant 模块：常值设为 10。

Relational Operator 模块：关系操作符设置为"＞"，如图 7-36 所示。

Switch 模块：设定 Switch 模块的 Threshold 值为 0.5，其余设置如图 7-37 所示，这样只要 Switch 模块中间输入的信号大于或等于给定的阈值 Threshold 时，模块输出为顶部端口的输入，否则为底部端口的输入。

③ 系统仿真时间设置。Simulink 默认的仿真起始时间为 0 s，仿真结束时间为 10 s。对于此简单系统，当时间大于 10 s 时系统输出才开始转换，因此需要设置合适的仿真时间。这里将设置系统仿真起始时间为 0 s，结束时间为 50 s。

Main   Data Type
Relational operator: >
☑ Enable zero-crossing detection
Sample time (-1 for inherited):
-1

Main   Signal Attributes
Criteria for passing first input: u2 >= Threshold
Threshold:
0.5
☑ Enable zero-crossing detection
Sample time (-1 for inherited):
-1

图 7-36   Relational Operator 模块参数设置   图 7-37   Switch 模块参数设置

④ 系统仿真运行。当仿真结束后，双击系统模型中的 Scope 模块，显示的系统仿真结果如图 7-38（a）所示。

从图 7-38（a）中可以看到，系统仿真输出曲线非常不光滑，通过对此系统的数学描述进行分析可知，系统输出应该为光滑曲线。这是由于在仿真过程中没有设置合适的仿真步长，而是使用了 Simulink 的默认仿真步长设置。

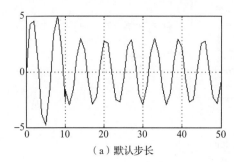
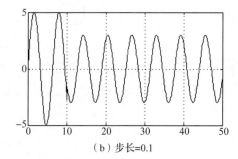

（a）默认步长   （b）步长=0.1

图 7-38   系统仿真结果

⑤ 仿真步长设置。对于简单系统，由于系统中并不存在状态变量，因此每一次计算都应该是准确的（不考虑数据截断误差）。在使用 Simulink 对简单系统进行仿真时，不论采用哪种求解器，Simulink 总是在仿真过程中选用最大的仿真步长。

如果仿真时间区间较长，而且最大步长设置采用默认取值 auto，则会导致系统在仿真时使用较大的步长，因为 Simulink 的仿真步长是通过下面的公式得到的：

$$h = \frac{t_{\text{final}} - t_{\text{start}}}{50}$$

式中 t_{final} ——系统仿真的结束时间；

      t_{start} ——系统仿真的开始时间。

在此简单系统中，系统仿真开始时刻为 0 s，结束时刻为 50 s，故步长为 1，从而导致系统仿真输出曲线的不光滑。

可以对仿真参数对话框的 Solver 选项卡中的 Max step size（最大步长）进行适当地设置，强制 Simulink 仿真步长不能超过 Max step size。例如，在图 7-32 仿真参数设置对话框中，将 Max step size 由 auto 设置最大仿真步长为 0.1，然后进行仿真。从图7-38（b）所示的系统仿真输出结果可以看到，曲线变得光滑了。

（2）求解微分方程组

Simulink 求解常微分方程组，一般可以通过搭建各种数学运算模块，确定各模块之间的运算关系，最终求解常微分方程组。建立框图时，通常以微分方程最高阶微分开始搭建，用积分器直接求解微分方程，即将其最高阶数逐次求积可得微分方程的解。

【例 7-2】系统的微分方程为 $y''(t) + 5y'(t) + 6y(t) = u(t)$ ，输出的初始值为 $y(0) = 5$ 、 $y'(0) = -4$ ，用 Simulink 建立模型求解系统的阶跃响应。

【解】将上式微分方程移项变为 $y''(t) = -5y'(t) - 6y(t) + u(t)$ 。

用 Simulink 建立模型和仿真的过程如下：

① 建立系统模型。新建一个 Simulink 模型窗口，添加相应模块并用连线连接起来，建立系统的仿真模型如图 7-39 所示。

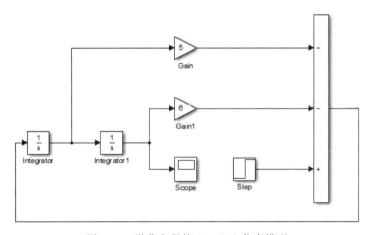

图 7-39　微分方程的 Simulink 仿真模型

② 系统模块参数设置。按从左至右排列，积分模块的初始值分别为 -4 和 5。其余模块参数按图中参数设置。

③ 仿真参数对话框采用默认设置。单击启动按钮开始仿真，系统的阶跃响应结果如图 7-40 所示。

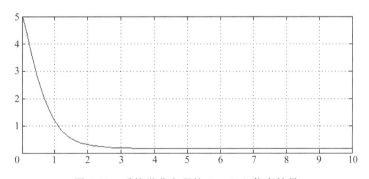

图 7-40　系统微分方程的 Simulink 仿真结果

【例 7-3】对于【例 7-2】，为了避免搭建各种数学运算模块，也可以用 Interpreted MATLAB Function 模块求解微分方程组。

【解】① 建立系统模型。首先将二阶微分方程 $y''(t) + 5y'(t) + 6y(t) = u(t)$ 转化为一阶微分方程组。

设 $x_1 = y$，$x_2 = y'$，得到方程组：

$x'_1 = x_2$

$x'_2 = -5x_2 - 6x_1 + u$

编写的函数文件 fun. m。

```
function dx = fun(y)
u = y(1);
x(1) = y(2);
x(2) = y(3);
dx = zeros(2,1);
dx(1) = x(2);
dx(2) = u - 6 * x(1) - 5 * x(2);
end
```

建立的 Simulink 仿真模型如图 7-41 所示。

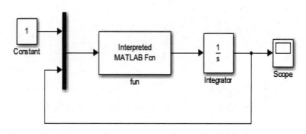

图 7-41　使用 Interpreted MATLAB Function 模块的 Simulink 模型

在图 7-41 中，对于常微分方程组，Interpreted MATLAB Fcn 的输出微分 x'_1、x'_2 经过积分后得到 x_1、x_2，重新反馈作为 Interpreted MATLAB Fcn 的输入。

② 系统模块参数设置。在 Interpreted MATLAB Fcn 模块中【MATLAB function】填写函数名 fun，模块的输出数量【Ouput dimensions】更改为 2，对应 x'_1、x'_2。积分模块的初值设为 [5，−4]。其余模块参数采用默认设置。

③ 仿真参数对话框设置。采用默认设置，仿真的结果如图 7-42 所示，实线代表 y、虚线代表 y'，从图中可看到两条曲线分别从初始值 [5，−4] 开始。

(3) PID 控制系统仿真

比例-积分-微分（proporitional-integral-derivative，PID）控制是目前工程上应用较广的一种控制方法，其结构简单，且不依赖被控对象模型，控制所需的信息量也很少，因而易于实现，同时也可获得较好的控制效果。

图 7-43 是典型 PID 控制系统结构图。在 PID 控制器作用下，对偏差信号分别进行比例、积分、微分组合控制。控制器的输出量作为被控对象的输入控制量。

PID 控制器主要是依据给定值 $r(t)$ 与实际输出值 $y(t)$ 构成控制偏差，用公式表示，即 $e(t) = r(t) - y(t)$，它本身属于一种线性控制器。通过线性组合偏差的比例（P）、积分（I）、微分（D），将三者构成控制量，进而控制受控对象。控制算法如下：

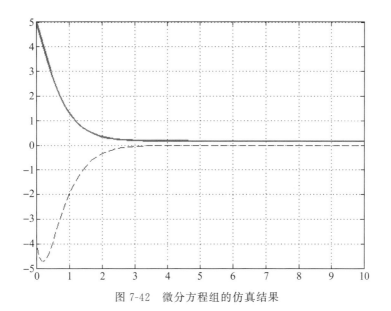

图 7-42　微分方程组的仿真结果

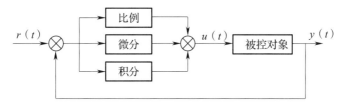

图 7-43　典型 PID 控制系统结构图

$$u(t) = K_{\mathrm{p}} \left[e(t) + \frac{1}{T_{\mathrm{i}}} \int_0^t e(t) \,\mathrm{d}t + T_{\mathrm{d}} \frac{\mathrm{d}e(t)}{\mathrm{d}t} \right] \tag{7-1}$$

其传递函数为：

$$G(s) = \frac{U(s)}{E(s)} = K_{\mathrm{p}} \left(1 + \frac{1}{T_{\mathrm{i}} s} + T_{\mathrm{d}} S \right) \tag{7-2}$$

式中　K_{p}——比例系数；

$\quad\quad$ T_{i}——积分时间常数；

$\quad\quad$ T_{d}——微分时间常数。

【例 7-4】设被控对象传递函数为 $G_0(S) = \dfrac{2}{(2s+1)(0.5s+1)} = \dfrac{2}{s^2 + 2.5s + 1}$，使用 PID 控制器，设 $K_{\mathrm{p}} = 3$、$T_{\mathrm{i}} = 3$，$T_{\mathrm{d}} = 0.1$ 时，求系统对阶跃的响应。

【解】① 建立系统模型。新建一个 Simulink 模型窗口，在新建模型窗口中，添加相应模块并用连线连接起来，建立系统的仿真模型如图 7-44 所示。

② 系统模块参数设置。除模块 K_{p}、模块 K_{i}、模块 K_{d} 按图中参数设置，其余模块参数采用默认设置。

③ 仿真参数对话框采用默认设置。单击启动按钮开始仿真，系统的阶跃响应结果如图 7-45 所示。

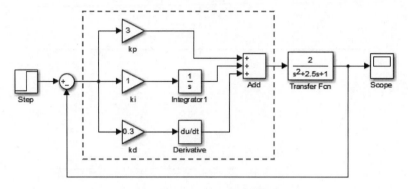

图 7-44　PID 控制仿真模型

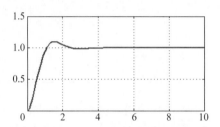

图 7-45　PID 控制阶跃响应曲线

（4）使用数据传递的仿真

Simulink 和 MATLAB 可以进行数据交换，完成由 MATLAB 工作区的变量设置系统模块参数、将信号输出到 MATLAB 工作区、使用工作区变量作为系统输入信号等几方面工作。下面通过例题进行简单说明。

【例 7-5】 用 From Workspace 模块、To Workspace 模块建立工作区和模型窗口的数据传递。

【解】 ① 建立如图 7-46 所示的 Simulink 系统模型。

② 在工作区定义变量 t、u。

在 MATLAB 命令窗口执行以下语句，在工作区创建的变量如图 7-47 所示。

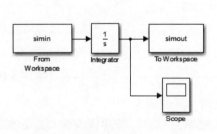

图 7-46　数据传递演示模型 1

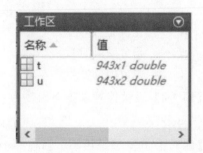

图 7-47　仿真前工作区的变量

```
t = ( 0 : 0.01 : 3 * pi )';    %仿真时间,一维列向量
u = [sin(t) ,cos(t)];          %产生对应的数据
```

③ 设置 From Workspace 模块的参数。

参数设置对话框如图 7-48 所示，在【Data】指定要加载的工作区数据，用变量 $[t\ u]$ 表示。本例的数据类型为二维数组，数组第一列为仿真采样时间，其余每列表示对应采样时刻的信号值。

当模型的仿真时间范围超出 From Workspace 模块提供的时间范围时，对缺失数据的处理从【Form output after final data value by】下拉列表内选择，有 4 种处理选择。本例选择 ［Setting to zero］。

④ 设置 To workspace 模块的参数。参考 From Workspace 模块的参数设置，完成 To Workspace 模块参数设置，如图 7-49 所示。默认的变量为 simout。

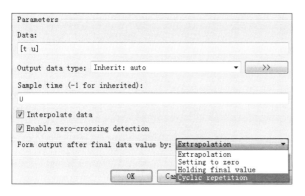

图 7-48　From Workspace 模块参数设置对话框　　图 7-49　To Workspace 模块参数设置对话框

⑤ 模块其他参数采用默认设置。

⑥ 启动 Simulink 仿真运行，图 7-50 绘出了系统仿真的结果，To Workspace 模块将输出数据保存在工作区的 simout 数组，如图 7-51 所示。

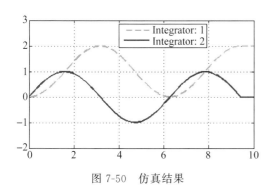

图 7-50　仿真结果

图 7-51　仿真后工作区的变量

【例 7-6】用输入模块 In1、输出模块 Out1 建立工作区和模型窗口的数据传递。

【解】① 在工作区定义变量 t、u。

```
t = ( 0 : 0.01 : 3 * pi )';    % 仿真时间,一维列向量
u = [sin(t) ,cos(t)];          % 与模块 In1、模块 In2 的顺序对应
```

② 建立如图 7-52 所示的 Simulink 系统模型。

要实现如图 7-52 所示的数据传递，需要与仿真参数对话框的【Data Import/Export】选项配合，在图 7-34 中的【Load from workspace】选项组中勾选【Input】复选框，用来设置系统的输入信号 $[t, u]$，$[t, u]$ 已预先在工作区中定义。

本例中 u 的列数据与输入模块 In1 和输入模块 In2 的顺序对应。

同理，在【Save to workspace】选项组中勾选【Time】、【Output】复选框，【Time】用来设置输出仿真时间，用默认变量 tout 保存到工作区，【output】用来设置输出数据，用默认变量 yout 保存到工作区。

③ 模块其他参数采用默认设置。

④ 启动 Simulink 仿真运行，在 $0 \sim 3\pi$ 区间上得到与图 7-50 相同的仿真结果，工作区的变量如图 7-53 所示，yout 数组包含两列数据对应 Out1 和 Out2。

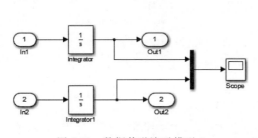

图 7-52　数据传递演示模型 2

图 7-53　仿真后工作区的变量

7.4　子系统的创建

在建立的 Simulink 系统模型比较大或很复杂时，如果将包含的所有模块都直接显示在 Simulink 仿真平台的窗口中，会显得拥挤、杂乱，不利于建模和分析，此时可将一些模块组合成子系统。

将一个创建好的子系统进行封装，也就是使子系统像一个模块一样，如可以有参数设置对话框、模块图标等。关于子系统封装这里不做介绍。

7.4.1　简单子系统的创建

在 Simulink 中创建子系统一般有两种方法。

（1）通过子系统模块来建立子系统

在 Simulink 库浏览器中有一个 Ports & Subsystems 模块子库，单击该图标即可看到不同类型的子系统模块。

下面以 PID 控制器的子系统创建来说明子系统的创建过程。

① 新建一个模型窗口。从 Ports&Subsystems 子库（如图 7-54 所示）中选取 Subsystem 模块，将它复制到新建的模型窗口，双击 Subsystem 模块，此时打开该子系统模块的编辑窗口，如图 7-55 所示。

② 在图 7-55 子系统的编辑窗口中，删除带箭头的连接线，用图 7-44 所示的虚线框内 PID 系统替代。这种方法适合自上而下的设计方式。

③ 按【例 7-4】设置子系统各模块参数（可以是变量）。

④ 修改外接端子标签。双击输入模块下面的标签 In1 修改为 e，双击输出模块下面的标签 Out1 修改为 u，修改后的标签如图 7-56 所示。

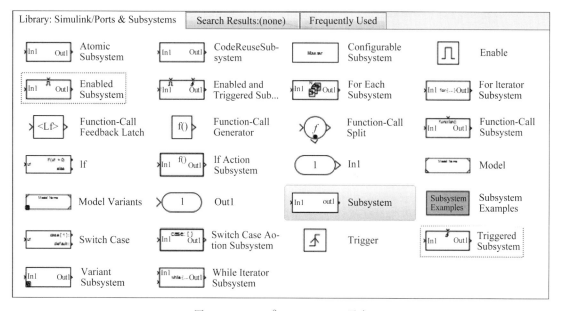

图 7-54　Ports & Subsystems 子库

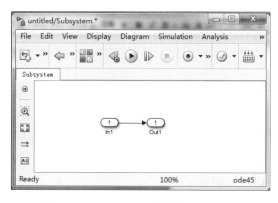

图 7-55　Subsystems 模块的编辑窗口

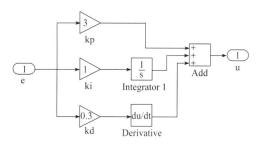

图 7-56　PID 子系统

⑤ 重新定义子系统标签。在图 7-55 中单击 ← 返回按钮，关闭子系统的编辑窗口，返回模型窗口，将子系统的标签 Subsystems 修改为 PID，如图 7-57 所示，使子系统更具有可读性。

该 PID 子系统就可作为模块在构造系统模型时使用。

（2）组合已存在的模块来建立子系统

将 Simulink 仿真模型窗口已建立的模型通过组合该模型相关模块的方法来建立一个子系统。这种方法适合自下而上的设计方式。以图 7-44 所示创建完成的 PID 控制系统为例，将其变为一个子系统的步骤如下：

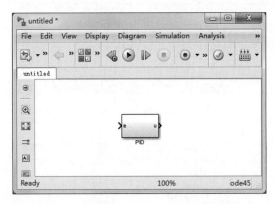

图 7-57　模型窗口中 PID 子系统模块

① 打开【例 7-4】所建立的 PID 控制 Simulink 仿真模型，如图 7-44 所示。

② 选中虚线框内 PID 部分的模块和连线，选中部分以加粗显示，如图 7-58 所示。

③ 在加粗部分上单击右键，弹出快捷菜单如图 7-59 所示，选中【Create Subsystem from Selection】选项，则所选定的模块组合自动转化成子系统，如图 7-60（虚线框）所示。

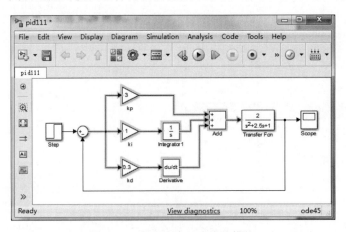

图 7-58　圈选欲建子系统的模块

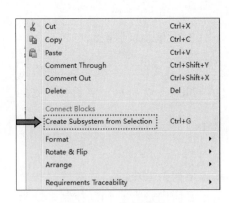

图 7-59　快捷菜单

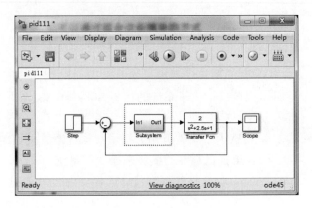

图 7-60　选中的模块转化为子系统

④ 修改外接端子标签，重新定义子系统标签。双击该子系统图标，打开该子系统窗口，修改输入输出变量名，即 In1 修改为 e，Out1 修改为 u。关闭子系统编辑窗口，子系统标签 Subsystem 修改为 PID，则修改后的系统模型如图 7-61 所示。

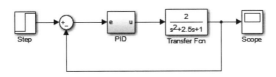

图 7-61　包含子系统的系统模型

7.4.2　条件子系统的创建

前面所建立的子系统是简单的子系统，都可以看作是具有一定输入输出的单个模块，其输出直接依赖于输入信号。

但是在有些情况下，只有满足一定的条件时子系统才被执行，这样的子系统称为条件子系统。

条件子系统的执行依赖于其他的信号，这个信号称为控制信号，它从子系统单独的端口即控制端口输入。根据控制信号对子系统的执行控制方式不同，有两种常用的子系统：使能子系统、触发子系统。

图 7-54 Ports & Subsystems 子库中 Enabled Subsystem 模块和 Triggered Subsystem 模块分别为使能子系统和触发子系统（虚线框内的子系统）。

条件子系统的创建可以按 7.4.1 节介绍的方法创建，即在已创建的子系统中添加 Enabled Subsystem 模块或 Triggered Subsystem 模块；也可以直接在 Enabled Subsystem 模块或 Triggered Subsystem 模块中创建。

（1）使能子系统

该子系统当使能端控制信号为正时，子系统才开始执行。"使能"控制信号可以为标量，也可以为向量。当为标量信号时，只要该信号大于零，子系统开始执行；当为向量信号时，只要其中一个信号大于零，子系统开始执行。

以下通过举例，介绍使能子系统的创建过程。

【例 7-7】 使能子系统的建立与仿真。

【解】 ① 在新建的模型窗口中，建立如图 7-62 所示的动态系统模型。

② 使能模块的控制信号由 Signal Generator 产生。当控制信号为正时，开始执行 Enabled Subsystem 子系统；当控制信号为负时，开始执行 Enabled Subsystem1 子系统。Unary Minus 模块对输入信号求反后输出。

③ 使能模块的参数设置。双击使能子系统模块后打开子系统，如图 7-63 所示，添加模块连接后，再双击使能（Enable）模块，则弹出如图 7-64 所示的对话框，可以选择使能开始时状态的值 reset（复位）或 held（保持）。Enabled Subsystem 子系统选择reset；Enabled Subsystem1 子系统选择 held。

在使能信号的使能状态设置中，选择状态 reset（复位）表示在使能子系统开始执行时，系统中的状态被重新设置为初始参数值；而状态 held（保持）表示在使能子系统开始执行时，系统中的状态保持不变。

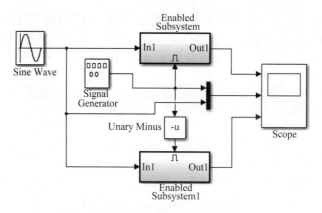

图 7-62　使能子系统模型

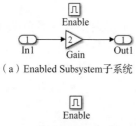

（a）Enabled Subsystem 子系统

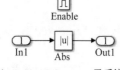

（b）Enabled Subsystem1 子系统

图 7-63　使能子系统结构

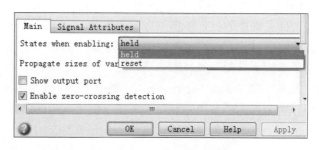

图 7-64　使能状态设置对话框

④ 其他模块的参数设置。Sine Wave 模块参数采用默认设置。在 Signal Generator 模块 Wave form 文本框内填入 square；在 Units 文本框内填入 Hertz，其余参数采用默认设置。

⑤ 仿真运行参数设置采用默认值。运行仿真，仿真结果如图 7-65 所示。

从图 7-65 中可以看出，只有在控制信号为正时，使能子系统才输出，而且设置不同的使能状态（复位或保持）可以获得不同的结果。对于 Enabled Subsystem 子系统设置 reset 状态，其输出跟随输入的变化；对于 Enabled Subsystem1 子系统设置 held 状态，其输出保持输入的某一值不变。

（2）触发子系统

触发子系统指的是只有在控制信号符号发生改变的情况下，子系统才开始执行。一个触发子系统只能有一个控制信号，在 Simulink 中称之为触发输入。

根据控制信号符号发生改变方式的不同可以将触发子系统分为 3 类：

上升沿触发子系统：系统在控制信号出现上升沿时开始执行。

下降沿触发子系统：系统在控制信号出现下降沿时开始执行。

双边沿触发子系统：系统在控制信号出现任何过零时开始执行。

【例 7-8】触发子系统的建立与仿真。

【解】① 在新建的模型窗口中，建立如图 7-66 所示的动态系统模型，该模型有一个触发子系统，触发器设为下降沿触发。

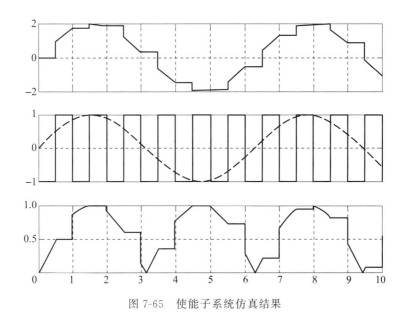

图 7-65　使能子系统仿真结果

② 触发模块的参数设置。双击触发子系统模块后打开子系统，添加 Gain 模块连接后，再双击触发（Trigger）模块，在弹出的对话框中选择 falling 下降沿触发，如图 7-67 所示。

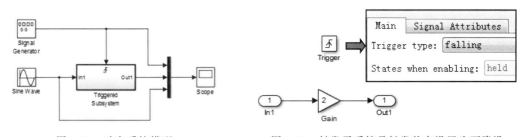

图 7-66　动态系统模型　　　　　　图 7-67　触发子系统及触发状态设置为下降沿

注意：触发状态设置还有一项为 function call，是用于函数调回的，即当输入信号满足某一函数条件时，模块开始执行。触发事件发生时刻触发子系统的输出，将保持到下一个触发事件的发生时刻。

③ 其他模块的参数设置。在 Sine Wave 模块 Frequency 文本框内填入 2；在 Signal Generator 模块 Wave form 文本框内填入 square；在 Units 文本框内填入 Hertz，其余参数采用默认设置。

④ 仿真运行参数设置采用默认值。运行仿真，仿真结果如图 7-68 所示。从图中可以看出，该模型通过一个触发子系统，当方波信号上升沿时，系统开始执行，并且其输出在下一个方波信号上升沿到来之前保持不变。将正弦输入信号经方波信号触发控制后，输出阶梯波信号。

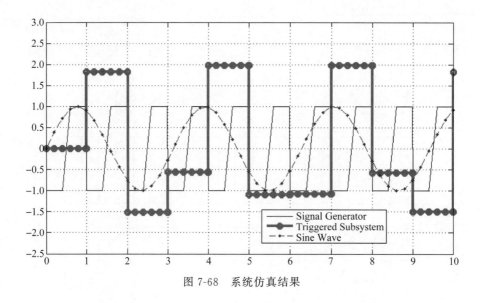

图 7-68　系统仿真结果

7.5　Simulink 环境中使用 Linear Analysis Tool

在 Simulink 中建立的仿真模型，使用 Linear Analysis Tool 图形窗口工具可以分析线性时不变系统的性能。

系统的开环传递函数为 $G(s) = \dfrac{2}{s^3 + 2s^2 + 5s + 2}$ ，Simulink 中建立的仿真模型如图 7-69所示，用 Linear Analysis Tool 分析该系统的特性，并判断单位闭环系统的稳定性。

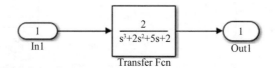

图 7-69　开环系统的 Simulink 仿真模型

将系统模型的输入信号和输出信号分别引入到 Linear Analysis Tool 中，进行信号传递，可在 Linear Analysis Tool 中对两节点之间模型的特性进行分析。

（1）建立 Simulink 模型的 IO 口和 Linear Analysis Tool 相连接的节点

用鼠标右键分别单击如图 7-69 所示系统中的输入和输出信号线，在弹出的下拉菜单中选择【Linear Analysis Points】中的【Input Perturbation】选项和【Output Measurement】选项，则在系统中分别引入了与 Linear Analysis Tool 进行信号传递的输入和输出的节点，如图 7-70 所示。

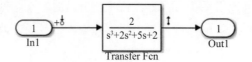

图 7-70　开环系统仿真模型的输入输出节点

（2）启动 Linear Analysis Tool 窗口，建立与 Simulink 模型节点的联系

在 Simulink 模型窗口，点击下拉菜单的【Analysis】→【Control Design】→【Linear Analysis】，如图 7-71 所示，随后弹出 Linear Analysis Tool 窗口，如图 7-72 所示。

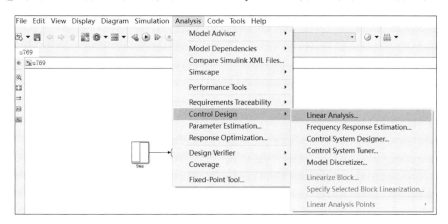

图 7-71　选择 Linear Analysis Tool 菜单

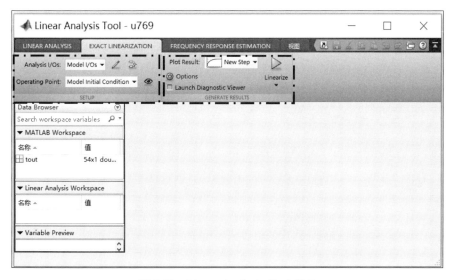

图 7-72　Linear Analysis Tool 窗口

图 7-72 中左侧虚线框内为输入、输出信号的相关设置，可从【Analysis I/Os】下拉列表中选择，当前为【Model I/O set】，已与 Simulink 模型的节点相连。右侧虚线框内为响应的相关设置，从【Plot Result】下拉列表可以选择响应的种类，默认为单位阶跃响应。右下空白部分为图形显示区域。

（3）运行仿真，观察被分析对象的时域和频域特性

如图 7-72 所示，从【Plot Result】下拉列表选择【New Nyquist】，点击 linearize 按钮 ▷ 可以对 Simulink 模型进行线性仿真，得到系统的 Nyquist 曲线，如图 7-73 所示。

同理，从【Plot Result】下拉列表选择【New Bode】，点击 linearize 按钮 ▷ 可以对 Simulink 模型进行线性仿真，得到系统的 Bode 曲线，如图 7-74 所示。

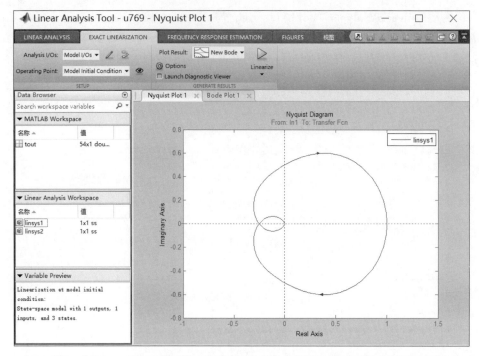

图 7-73　系统开环 Nyquist 图

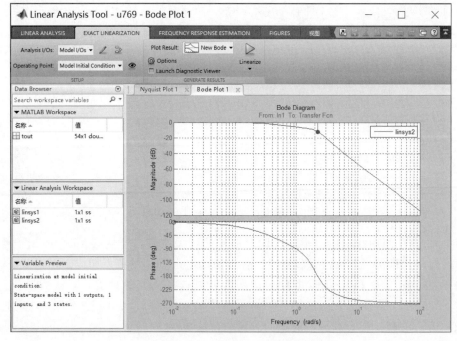

图 7-74　系统开环伯德图

开环系统函数没有右极点，从开环系统的 Nyquist 图可以看出单位闭环系统是稳定的。从开环系统的 Bode 图也可以看出单位闭环系统是稳定的。

按照同样的方法，使用 Linear Analysis Tool 分析单位闭环系统。如图 7-75 所示为单位闭环系统仿真模型的输入输出节点，启动 Linear Analysis Tool 仿真后，其阶跃响应如图 7-76 所示。参照 LTI Viewer 的操作，在阶跃图中单击鼠标右键，在弹出的快捷菜单中选择相应的性能参数。

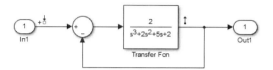

图 7-75　单位闭环系统仿真模型的输入输出节点

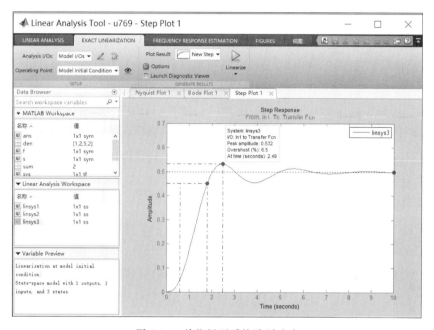

图 7-76　单位闭环系统阶跃响应

习　　题

1. 有一个函数为 $f(t) = 2 \times \sin t \times e^{-\frac{1}{2}t^2}$，试用 Simulink 对该函数建模仿真，并在同一示波器内分别显示 $\sin t$、$e^{-\frac{1}{2}t^2}$、$f(t)$ 曲线。

2. 已知系统微分方程如下：$y''(t) + 3y'(t) + 5y(t) = u(t)$，$t \geqslant 0$，其中输入 $u(t) = t^2/2$，初始状态 $y(0) = 0$，$y'(0) = 0$。

（1）试用 Simulink 对该微分方程建模仿真，绘制 $y(t)$ 的响应。

（2）将二阶微分降阶后用 Interpreted MATLAB Function 模块建模，求 $y(t)$ 的响应。

3. 有传递函数如下的控制系统，试用 Simulink 建立系统模型，并对系统的阶跃响应进行仿真。

$$G(s) = \frac{1}{s^2 + 4s + 8}$$

4. 如图 7-77 所示为某一控制系统框图，试进行建模仿真，并求系统的阶跃响应。

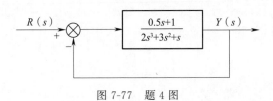

图 7-77　题 4 图

5. 有一个小车，将其放置在地面上，小车受到弹簧和阻尼器的作用，如图 7-78 所示，假设小车质量 $m=2$ kg，弹簧的弹性系数 $k=1$ N/m，阻尼器的阻尼系数 $c=0.3$ N/ms。现将小车从静止状态拉开 2 cm 后放开，试求小车的运动轨迹。

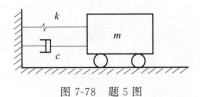

图 7-78　题 5 图

6. 一个物体质量 $m=2$ kg，放置在地面上，如图 7-79 所示，物体与地面存在摩擦力，假设摩擦力与物体的速度成正比，比例系数 $b=0.4$ N/ms，当用拉力 $f=1$ N 拉动物体 2 s 后放开，试求物体的运动情况。

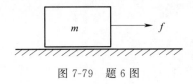

图 7-79　题 6 图

第 8 章　典型系统 Simulink 动态建模与仿真

用 Simulink 的标准模块来建立方框图的系统模型，进行分析和仿真各种动态系统，这种建模方式简单、准确、快捷，与传统的建模相比，具有更直观、更简单、更灵活的优点。

本章主要介绍 Simulink 在工程应用中的基本思路，通过实例的学习，体会 Simulink 功能和基本操作方法，同时通过简单实例的介绍，初步建立起利用 Simulink 解决工程问题的方法。

8.1　曲柄滑块机构运动学和动力学的仿真

曲柄滑块机构是一种常用的机械结构，它将曲柄的转动转化为滑块在直线上的往复运动，如图 8-1 所示，曲柄滑块机构广泛应用于往复活塞式发动机、压缩机、冲床等的主机构中。

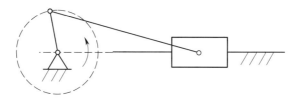

图 8-1　曲柄滑块机构简图

曲柄滑块机构中，根据滑块移动的导路中心线是否通过曲柄的回转中心，划分成对心曲柄滑块机构和偏置曲柄滑块机构两种类型。

本节介绍利用 Simulink 仿真，分析对心曲柄滑块机构的运动特征。

8.1.1　曲柄滑块机构运动学建模

曲柄滑块机构的矢量模型，如图 8-2 所示，图中给出了该机构各个杆件之间的矢量关系。对于曲柄 R_2，矢量 R_2 的模为 r_2，转角 θ_2；连杆 R_3，矢量 R_3 的模为 r_3，转角 θ_3；滑块 R_1，矢量 R_1 为滑块的位移，模为 r_1，移动速度 v_1。曲柄和连杆的长度 r_2、r_3 已知，当曲柄输入角速度为 ω_2，分析连杆的输出角速度 ω_3、转角 θ_3，滑块的输出速度 v_1 和位移 r_1。

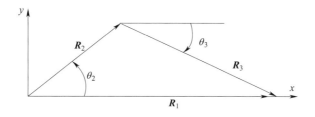

图 8-2　曲柄滑块机构的矢量模型

建立机构的运动学方程如下：

（1）曲柄滑块机构的闭环位移矢量方程

$$\boldsymbol{R}_2 + \boldsymbol{R}_3 = \boldsymbol{R}_1 \tag{8-1}$$

（2）闭环矢量方程的分解

$$\begin{cases} r_2\cos\theta_2 + r_3\cos\theta_3 = r_1 \\ r_2\sin\theta_2 + r_3\sin\theta_3 = 0 \end{cases} \tag{8-2}$$

（3）曲柄滑块机构的运动学方程

对位置方程式（8-2）求时间的导数，即得机构的运动学方程为：

$$\begin{cases} -r_2\omega_2\sin\theta_2 - r_3\omega_3\sin\theta_3 = v_1 \\ r_2\omega_2\cos\theta_2 + r_3\omega_3\cos\theta_3 = 0 \end{cases} \tag{8-3}$$

为了便于编程，将机构的运动学方程式（8-3）写成矩阵形式：

$$\begin{pmatrix} r_3\sin\theta_3 & 1 \\ -r_3\cos\theta_3 & 0 \end{pmatrix} \begin{pmatrix} \omega_3 \\ v_1 \end{pmatrix} = \begin{pmatrix} -r_2\omega_2\sin\theta_2 \\ r_2\omega_2\cos\theta_2 \end{pmatrix} \tag{8-4}$$

8.1.2 曲柄滑块机构运动学仿真

仿真的基本思路：已知曲柄输入 ω_2、θ_2，由运动学方程求出连杆 ω_3 和滑块 v_1，再通过积分，即可求出连杆 θ_3 和滑块 r_1。

（1）编写 MATLAB 函数求解运动学方程

将该机构的运动学方程式（8-4）用 M 函数 compv（）表示，并将文件命名为 compv. m。

```
function x = compv(u);      % x 为函数的输出;u 为 M 函数的输入
 % u（1） = w2;            % 曲柄角速度 ω₂
 % u（2） = sita2;         % 曲柄角位移 θ₂
 % u（3） = sita3;         % 连杆角位移 θ₃
r2 = 15.0;                  % 连杆 2 的长度
r3 = 55.0;                  % 连杆 3 的长度
a =［r3 * sin(u(3)) 1; - r3 * cos(u(3)) 0］;   % 求解运动学方程
b =［- r2 * u(1) * sin(u(2));r2 * u(1) * cos(u(2))］;
x= inv(a) * b;              % inv(a):求矩阵的逆矩阵
```

（2）建立 Simulink 模型

在新建的 Simulink 模型窗口，添加相应模块并用连线连接起来，曲柄滑块机构运动学的 Simulink 仿真模型如图 8-3 所示。

通过 Interpreted MATLAB Function 模块可以将 compv（u）函数嵌入仿真模型。Interpreted MATLAB Function 模块可以把矢量作为输入输出，但矢量必须由原始信号组装而成。函数中的输入矢量 $\boldsymbol{u}$ 用 Mux 多路转换器模块组装得到，函数中的输出矢量 $\boldsymbol{x}$ 用 DeMux 模块来分解得到。注意：Interpreted MATLAB Function 模块输入、输出信号的顺序须与函数 compv 中一致。

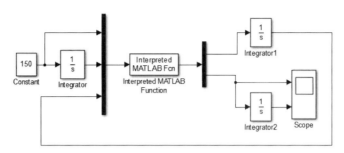

图 8-3　曲柄滑块机构运动学的 Simulink 仿真模型

（3）系统模块参数设置

双击 Interpreted MATLAB Function 模块，在弹出的对话框 Parameters 栏中填入前面建立的 MATLAB 函数名 compv 以及输出变量的个数，如图 8-4 所示。

Intergrator 模块参数设置，即 3 个积分器的初始条件确定。在本题中对速度的积分可得到位移，对于本机构的初始条件可以通过简单的几何关系求得。假设曲柄的初始位置为水平 θ_2（0）=0°，连杆和曲柄在处于同一条线上 θ_3（0）=0°，设 r_2=15 mm，r_3=55 mm，则 r_1（0）=r_2+r_3=70 mm。

在 Integrator 模块的 Initial condition 积分器初始值参数框内填入 θ_2（0）的初始值 0，在 Integrator1 模块的 Initial condition 积分器初始值参数框内填入 θ_3（0）的初始值 0，在

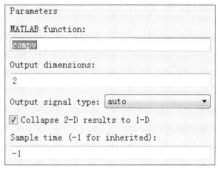

图 8-4　Interpreted MATLAB Function
模块的参数设置对话框

Integrator2 在模块的 Initial condition 积分器初始值参数框内填入 r_1（0）的初始值 70。

在 Constant 模块参数设置处设置曲柄的转速，注意单位为 rad/s。双击打开 Constant 模块，在 Constant value 参数框内填入 150。

（4）开始仿真

设置仿真时间 0.1 s，启动 Simulink 仿真运行，在曲柄转速为 150 rad/s 的情况下，仿真后滑块的速度、位移曲线显示在示波器中，结果如图 8-5 所示。

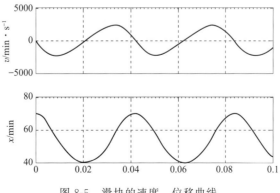

图 8-5　滑块的速度、位移曲线

8.1.3 曲柄滑块机构动力学建模

由曲柄滑块机构的闭环矢量方程式（8-2）求时间的二阶导数，可以得到曲柄滑块机构的动力学方程：

$$\begin{cases} -r_2\omega_2'\sin\theta_2 - r_2\omega_2{}^2\cos\theta_2 - r_3\omega_3'\sin\theta_3 - r_3\omega_3{}^2\cos\theta_3 = r_1'' \\ r_2\omega_2'\cos\theta_2 - r_2\omega_2{}^2\sin\theta_2 + r_3\omega_3'\cos\theta_3 - r_3\omega_3{}^2\sin\theta_3 = 0 \end{cases} \tag{8-5}$$

设输入曲柄 2 的角加速度 $\beta_2 = \omega_2' = \theta_2''$，连杆 3 的角加速度 $\beta_3 = \omega_3' = \theta_3''$ 和滑块 1 的加速度 $a_1 = v_1' = r_1''$，将式（8-5）写成下式：

$$\begin{cases} -r_2\beta_2\sin\theta_2 - r_2\omega_2{}^2\cos\theta_2 - r_3\beta_3\sin\theta_3 - r_3\omega_3{}^2\cos\theta_3 = a_1 \\ r_2\beta_2\cos\theta_2 - r_2\omega_2{}^2\sin\theta_2 + r_3\beta_3\cos\theta_3 - r_3\omega_3{}^2\sin\theta_3 = 0 \end{cases} \tag{8-6}$$

此时，输入曲柄 2 的角加速度 β_2 为仿真系统的输入量，而连杆 3 的角加速度 β_3 和滑块 1 的加速度 a_1 为系统输出，位移 $(r_1, \theta_2, \theta_3)$ 和速度 $(r_1', \theta_2', \theta_3')$ 为已知量，将式（8-6）写成矩阵形式：

$$\begin{pmatrix} r_3\sin\theta_3 & 1 \\ -r_3\cos\theta_3 & 0 \end{pmatrix} \begin{pmatrix} \beta_3 \\ a_1 \end{pmatrix} = \begin{pmatrix} -r_2\beta_2\sin\theta_2 - r_2\omega_2{}^2\cos\theta_2 - r_3\omega_3{}^2\cos\theta_3 \\ r_2\beta_2\cos\theta_2 - r_2\omega_2{}^2\sin\theta_2 - r_3\omega_3{}^2\sin\theta_3 \end{pmatrix} \tag{8-7}$$

8.1.4 曲柄滑块机构动力学仿真

（1）编写 MATLAB 函数求解运动学方程

由式（8-7）编写 MATLAB 函数求解加速度，并将文件命名为 compa.m。

```
function x = compa(u);

u( 1 ) = b2;     % 曲柄角加速度 β2

u( 2 ) = w2;     % 曲柄角速度 ω2

u( 3 ) = w3;     % 连杆角速度 ω3

u( 4 ) = sita2;  % 曲柄转角 θ2

u( 5 ) = sita3;  % 连杆转角 θ3

r2 = 15.0 ;

r3 = 55.0 ;

a =[ r3 * sin(u(5))1 ; - r3 * cos(u(5))0 ];

b =[ - r2 * u(1) * sin(u(4)) - r2*u(2)^2 * cos(u(4)) - r3 * u(3)^2 * cos(u
(5));

r2 * u(1) * cos(u(4)) - r2 * u(2)^2 * sin(u(4)) - r3 * u(3)^2 * sin(u(5))];

x = inv(a) * b;

end
```

（2）建立 Simulink 模型

求解曲柄滑块机构加速度的 Simulink 仿真模型如图 8-6 所示。

参照图 8-4 的设置，将所建立的 MATLAB 函数 compa（u）嵌入到图 8-6 所示的 Simulink 模型的 Interpreted MATLAB Function 模块中。

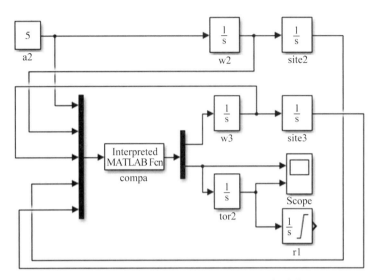

图 8-6　曲柄滑块机构动力学的 Simulink 仿真模型

（3）系统模块参数设置

当初始速度为零时，在曲柄匀加速状态下，考查滑块的输出状况。曲柄匀加速的角加速度为 5 rad/s，机构的各构件处于初始位置 $\theta_2 = 0$，$\theta_3 = 0$，r_1（0）＝70 mm，初始速度 $v_1 = 0$，$\omega_2 = 0$，$\omega_3 = 0$，并且滑块位移的范围为 [40，70]。

将上述机构的初始位置和初始速度在模型中相关积分模块的参数设置对话框中进行设置。除 r1 积分模块按如图 8-7 设置外，其余采用默认设置。a2 模块参数设置曲柄匀加速度值，填入 5。

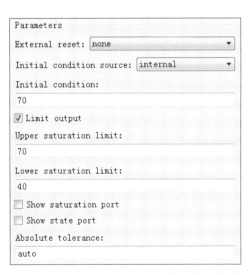

图 8-7　Interpreted MATLAB Function 模块的参数设置对话框

（4）开始仿真

设置仿真时间 4 s，启动 Simulink 仿真运行，仿真后滑块的加速度、速度曲线显示在示波器中，结果如图 8-8 所示。

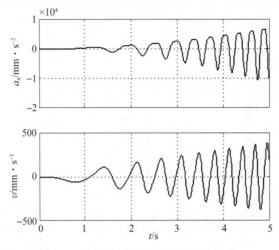

图 8-8　匀加速情况下滑块的仿真结果

8.2　齿轮传动机构动力学仿真

齿轮传动机构是机电系统最常用的传动机构，它包括普通齿轮传动、蜗轮蜗杆传动、行星齿轮传动、谐波齿轮传动等。这种传动机构一般可简化为质量—阻尼系统或者弹簧—质量—阻尼系统。

8.2.1　齿轮传动机构动力学建模

由于齿轮传动机构的刚度较大，忽略变形的影响以后，通常简化为质量—阻尼系统来分析，机构简化模型如图 8-9 所示。

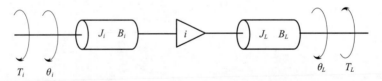

图 8-9　典型齿轮传动机构的简化模型

对驱动轴列写力平衡方程得：

$$T_i(t) = J_i \frac{\mathrm{d}^2 \theta_i(t)}{\mathrm{d}t^2} + B_i \frac{\mathrm{d}\theta_i(t)}{\mathrm{d}t} + T(t) \tag{8-8}$$

对负载轴列写力平衡方程得：

$$iT(t) = J_L \frac{\mathrm{d}^2 \theta_L(t)}{\mathrm{d}t^2} + B_L \frac{\mathrm{d}\theta_L(t)}{\mathrm{d}t} + T_L(t) \tag{8-9}$$

式中　T_i——驱动力矩；

$\quad\quad\theta_i$——驱动轴的转角；

$\quad\quad\theta_L$——负载轴的转角；

$\quad\quad B_i$——驱动轴系的黏滞阻尼系数；

$\quad\quad B_L$——负载轴系的黏滞阻尼系数；

J_i——驱动轴系的等效惯量；

J_L——负载轴系的等效惯量；

T——作用在齿轮副上的等效力矩；

T_L——负载力矩；

i——齿轮减速比。

将式（8-8）和式（8-9）取拉氏变换得：

$$T_i(s) = J_i s^2 \theta_i(s) + B_i s \theta_i(s) + T(s) \tag{8-10}$$

$$iT(s) = J_L s^2 \theta_L(s) + B_L s \theta_L(s) + T_L(s) \tag{8-11}$$

由于 $\theta_L = \theta_i / i$，将式（8-10）、式（8-11）联立消去 θ_i、T 得：

$$\theta_L(s) = \frac{1}{s[(J_i + \frac{1}{i^2} J_L)s + B_i + \frac{1}{i^2} B_L]i}\left(T_i - \frac{1}{i} T_L\right) \tag{8-12}$$

定义等效惯量为：

$$J_e = J_i + \frac{1}{i^2} J_L \tag{8-13}$$

等效阻尼系数为：

$$B_e = B_i + \frac{1}{i^2} B_L \tag{8-14}$$

将式（8-13）、（8-14）代入式（8-12）可以简化为：

$$\theta_L(s) = \frac{1}{s(J_e s + B_e)i}\left(T_i - \frac{1}{i} T_L\right) \tag{8-15}$$

或写成速度表达为：

$$\omega_L(s) = \frac{1}{(J_e s + B_e)i}\left(T_i - \frac{1}{i} T_L\right) \tag{8-16}$$

8.2.2　齿轮传动机构仿真分析

已知齿轮机构的总传动比为 100，负载惯量为 $10\ \text{kg}\cdot\text{m}^2$，折算到驱动轴上的等效黏滞摩擦系数为 $0.05\ \text{kg}\cdot\text{m/s}$，驱动轴系的惯量为 $0.1\ \text{kg}\cdot\text{m}^2$，试对齿轮传动机构的动力学特性进行仿真分析。

在负载为零时，根据式（8-15）、（8-16）建立的齿轮传动机构的方框图如图 8-10 所示。根据图 8-10 得到的 Simulink 仿真模型如图 8-11 所示。

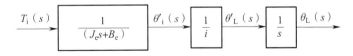

图 8-10　齿轮传动机构的方框图

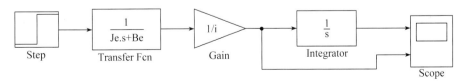

图 8-11　齿轮传动机构的仿真模型

运行仿真模型前，在命令窗口执行以下程序，设置系统仿真模型的参数。

```
Ji = 0.1;
JL = 10;
i = 100;
Be = 0.005;
Je = JI + JL/(i * i);
```

驱动轴施加 1 N·m 的驱动力矩，由 Step 模块设置，设置参数 Step time 为 1，其余参数不变。积分模块参数采用默认设置。

运行仿真程序后得到的响应曲线如图 8-12 所示。由仿真结果可知，对齿轮机构的驱动轴施加恒定的驱动力矩后，负载轴速度从零开始增加，最后稳定在一个速度值保持不变；位置输出表现为斜坡特性。

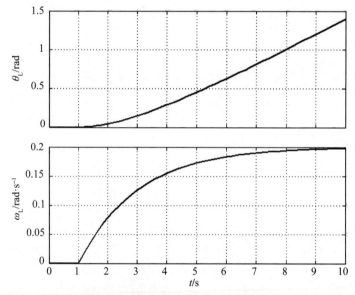

图 8-12　施加驱动力矩后的响应曲线

8.3　悬吊式起重机动力学仿真

起重运输设备对于工程施工起着重要的作用，能够减轻劳动强度、节省人力、降低施工成本、提高施工质量以及加快施工进度。

如图 8-13 所示为一悬吊式起重机结构简图。运用 Simulink 对悬吊式起重机进行运动学仿真，分析悬吊式起重机各运动参数随时间变化的曲线，对保证其安全、可靠是十分重要的。

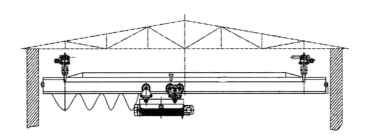

图 8-13　悬吊式起重机结构简图

8.3.1　悬吊式起重机动力学建模

如图 8-14 所示为悬吊式起重机的受力分析图。设起重机的小车质量 m_t、吊重 m_p、吊重惯量 I、等价黏性摩擦因数 c、钢丝绳长（不计绳重）l、小车驱动力 F、吊重与小车相互作用力在垂直方向的分力 p、小车位移 x、钢丝绳的摆角 θ。

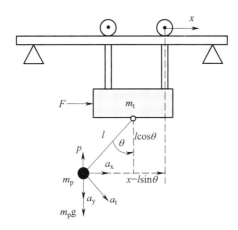

图 8-14　悬吊式起重机受力分析图

根据牛顿第二定律，建立系统的动力学方程。

小车水平方向受力方程：$m_t x'' = F - cx' - m_p a_x$ (8-17)

吊重的力矩平衡方程：$m_p l a_t - pl\sin\theta = I\theta''$ (8-18)

吊重垂直方向受力方程：$p - m_p g = m_p a_y$ (8-19)

吊重水平方向加速度：$a_x = \dfrac{\mathrm{d}^2}{\mathrm{d}t^2}(x - l\sin\theta) = x'' + l\theta'^2\sin\theta - l\theta''\cos\theta$ (8-20)

吊重垂直方向加速度：$a_y = \dfrac{\mathrm{d}^2}{\mathrm{d}t^2}(l\cos\theta) = -l\theta'^2\cos\theta - l\theta''\sin\theta$ (8-21)

吊重切线方向加速度：$a_t = a_x\cos\theta$ (8-22)

将（8-20）代入（8-17）式，整理得到：

$$(m_t + m_p)x'' = F - cx' - m_p l(\theta'^2\sin\theta - \theta'\cos\theta) \tag{8-23}$$

由式（8-18）、（8-19）式消去 p，然后联合式（8-21）和式（8-22），整理得到：

$$(I + m_p l^2)\theta' + m_p gl\sin\theta = m_p lx''\cos\theta \tag{8-24}$$

8.3.2 悬吊式起重机动力学仿真

为便于建模，将以上（8-23）、（8-24）两式改写为：

$$\begin{cases} x'' = \dfrac{F - cx' + m_{\mathrm{p}}l(\theta''\cos\theta - \theta'^{2}\sin\theta)}{m_{\mathrm{t}} + m_{\mathrm{p}}} \\[3mm] \theta' = \dfrac{m_{\mathrm{p}}l(x''\cos\theta - g\sin\theta)}{I + m_{\mathrm{p}}l^{2}} \end{cases} \tag{8-25}$$

由式（8-25）可建立如图 8-15 所示的悬吊式起重机 Simulink 仿真模型。利用 Simulink可以直接对系统的非线性模型进行仿真。在图 8-15 中 $k1 = \dfrac{1}{m_{\mathrm{t}} + m_{\mathrm{p}}}$、$k2 = \dfrac{m_{\mathrm{p}}l}{I + m_{\mathrm{p}}l^{2}}$、$lmp = m_{\mathrm{p}}l$。

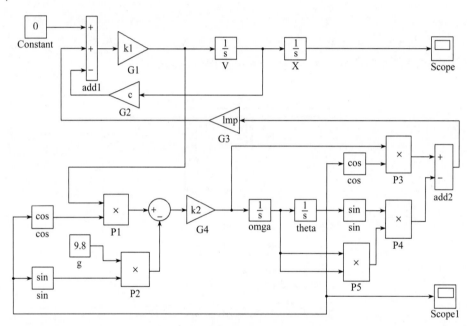

图 8-15　悬吊式起重机 Simulink 仿真模型

运行仿真模型前，必须先计算出 $k1$、$k2$ 和 lmp。现已知 $m_{\mathrm{t}} = 50$ kg，$m_{\mathrm{p}} = 270$ kg，$l = 4$ m，$c = 20$ N/m·s，在 MATLAB 命令窗口输入以下程序：

```
l = 4; c = 20; mp = 270; mt = 50;
I = mp * l^2;
lmp = l * mp;
k1 = 1/(mt + mp);
k2 = mp * l/(I + mp * l^2);
```

设置仿真时间为 200 s，系统的初始状态：小车移动速度 $\dot{x}(0) = 0$，小车位移 $x(0) = 0$，吊重摆动角速度 $\dot{\theta}(0) = 0$，吊重摆动角度 $\theta(0) = 0.01$ rad。将上述系统的状态初始值对应在

v、s、omga、theta 积分模块的参数设置窗口设置为 0、0、0、0.01。

　　启动 Simulink 仿真，则由小车位移示波器和吊重摆角示波器，可观察到系统在初始状态作用下小车位移 x、摆角 θ 的变化过程曲线，如图 8-16 和图 8-17 所示。

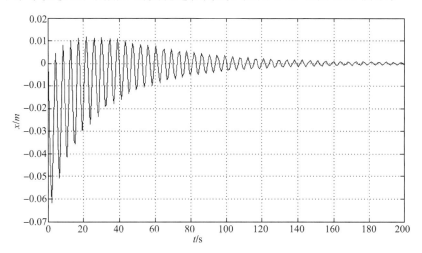

图 8-16　悬吊式起重机的小车位移

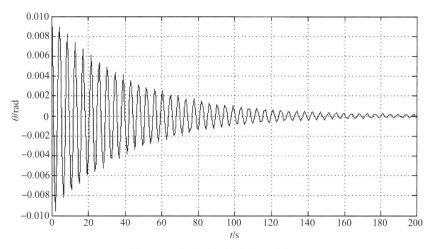

图 8-17　悬吊式起重机的吊重摆角

　　从仿真结果可以看出，小车位移 x 的大致范围为（−0.07，0.02），吊重摆角 θ 的大致范围为（−0.01，0.01），且关于平衡位置对称摆动。两者均为前期震荡大，后期逐渐趋于稳定。

8.4　直流电动机伺服驱动系统的仿真

　　伺服驱动系统是机电系统的重要组成部分，是机电系统中的"机"和"电"之间的接口。它由伺服控制器、动力驱动元件、传感器和执行机构等组成，在控制信息的作用下为系统提供驱动力，驱动执行机构完成各种动作。

　　机电系统中常用的伺服驱动系统主要有直流电动机伺服系统、电液伺服系统、交流伺服系统和步进电动机伺服驱动系统等。

在直流电动机伺服系统中，直流电动机在电枢电流的驱动下产生输出力矩通过传动机构传递给负载，驱动负载运动。因此直流电动机的模型实际上可以简化为如图 8-18 所示的系统，它描述的是电动机驱动一个惯量-摩擦负载的系统，模型中忽略了电动机轴刚度的影响，认为传动机构是刚性的。

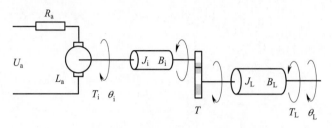

图 8-18　直流电动机系统模型

8.4.1　直流电动机系统的模型

（1）直流电动机的电枢回路模型

设电动机电枢回路的电阻为 R_a，电枢电感为 L_a，电枢电压和电流分别为 U_a 和 i_a，得电枢回路电压方程为：

$$L_a \frac{\mathrm{d}i_a}{\mathrm{d}t} + R_a i_a + e = U_a \tag{8-26}$$

式中　e——电枢反电动势。

电枢反电动势与电机的输出角速度成正比。

$$e = C_e \theta'_i \tag{8-27}$$

式中　C_e——直流电动机的反电动势常数。

将式（8-26）、式（8-27）联立，经过拉氏变换得电动机的电枢回路传递函数模型，即：

$$I_a(s) = \frac{U_a(s)}{L_a s + R_a} - \frac{C_e \theta'_i(s)}{L_a s + R_a} \tag{8-28}$$

（2）电动机的传动回路模型

根据力矩平衡方程：

$$J_e \frac{\mathrm{d}^2 \theta_i}{\mathrm{d}t^2} = T_i - B_e \frac{\mathrm{d}\theta}{\mathrm{d}t} - \frac{T_L}{i} \tag{8-29}$$

经过拉氏变换得电机的转角表达式如下：

$$\theta_i(s) = \frac{1}{s(J_e s + B_e)} \left(T_i - \frac{T_L}{i}\right) \tag{8-30}$$

式中　T_i——驱动力矩；

　　　T_L——负载力矩；

　　　θ_i——驱动轴的转角；

　　　i——齿轮传动比；

　　　B_e——折算到驱动轴的等效黏滞阻尼系数；

　　　J_e——折算到驱动轴的等效转动惯量。

电机的转动角速度表达式如下：

$$\theta'_{\mathrm{i}}(s) = \frac{1}{J_{\mathrm{e}}s + B_{\mathrm{e}}}\left(T_{\mathrm{i}} - \frac{T_{\mathrm{L}}}{i}\right) \tag{8-31}$$

电机的力矩与电流的关系式为：

$$T_{\mathrm{i}} = C_{\mathrm{m}} i_{\mathrm{a}} \tag{8-32}$$

式中　C_{m}——直流电动机的力矩常数，当采用国际单位制时，C_{m} 与 C_{e} 的数值相等。

将式（8-32）拉氏变换后代入式（8-31），得控制电流与输出电机转动角速度之间的传递函数模型，即：

$$\theta'_{\mathrm{i}}(s) = \frac{C_{\mathrm{m}}}{J_{\mathrm{e}}s + B_{\mathrm{e}}} I_{\mathrm{a}}(s) - \frac{1}{i}\frac{T_{\mathrm{l}}}{J_{\mathrm{e}}s + B_{\mathrm{e}}} \tag{8-33}$$

由式（8-28）和式（8-33）得到直流电动机系统模型方框图，如图 8-19 所示。由图 8-19 可知，电动机的输出转速由电枢电压和负载力矩共同决定，当负载不变时，改变电枢的电压就可以改变电动机的转速。根据这一原理可以通过对电枢电压的控制实现对电动机转速的控制。另一方面，当电枢电压一定时，负载的变化会引起电动机转速的变化。

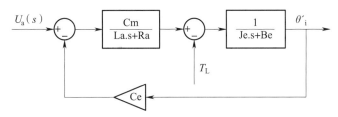

图 8-19　直流电动机系统模型方框图

8.4.2　直流电动机速度模型系统仿真

由图 8-19 可知，电动机的输出转速由电枢电压和负载力矩共同决定，直流电机速度响应仿真模型，如图 8-20 所示。

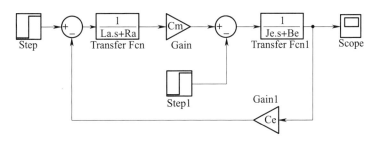

图 8-20　直流电机速度响应仿真模型

当 $C_{\mathrm{e}} = 0.025$，$C_{\mathrm{m}} = 0.025$，$R_{\mathrm{a}} = 1.36$，$L_{\mathrm{a}} = 1.7657 \times 10^{-4}$，$J_{\mathrm{e}} = 0.107 \times 10^{-4}$，$B_{\mathrm{e}} = 0.33 \times 10^{-4}$，$T_{\mathrm{L}} = 0.03$ 时，求系统的仿真。

两个阶跃模块参数设置如图 8-21 所示，其他模块参数设置采用默认值。

Parameters		Parameters	
Step time:		Step time:	
0.1		0.4	
Initial value:		Initial value:	
0		0	
Final value:		Final value:	
5		0.03	

（a）Step模块 　　　　　　　　　　　（b）Step1模块

图 8-21　阶跃模块的参数设置

运行仿真模型前，在命令窗口执行以下程序，设置直流电机系统的参数。

```
Ce = 0.025;Cm = 0.025;
Ra = 1.36;La = 1.7657e - 4;
Je = 1.07e - 5;Be = 3.3e - 5;
```

仿真时间设置为 1 s，图 8-22 是仿真结果。系统在 0.1 s 时加上电压，电机转速开始快速上升，达到稳定值后继续运转，在 0.4 s 后加入负载，受负载的影响，电机转速降低，直到维持在新的转速上。

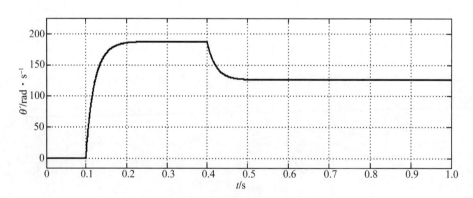

图 8-22　直流电机速度阶跃响应图

习　　题

1. 有两个小车，将其放置在地面上，小车受到弹簧和阻尼器的作用，如图 8-23 所示，假设小车质量 $m_1 = 2$ kg，$m_2 = 2$ kg，弹簧的弹性系数 $k_1 = 1$ N/m、$k_2 = 1$ N/m，阻尼器的阻尼系数 $c = 0.3$ N/m·s。现将小车从静止状态加上作用力 $f = 2$ kg 后放开，试求两个小车各自的运动规律。

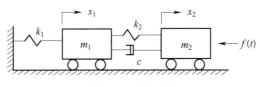

图 8-23　题 1 图

2. 有一个小车，将其放置在地面上，小车上有一个质量块，如图 8-24 所示，假设小车质量 $m_1 = 2$ kg，$m_2 = 0.5$ kg，弹簧的弹性系数 $k_1 = 1$ N/m、$k_2 = 0.5$ N/m，质量块与小车之间摩擦因数 $\mu = 0.15$。现将小车从静止状态加上作用力 $f = 2$ kg 后放开，试求质量块和小车的运动规律。

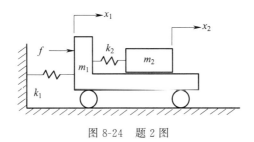

图 8-24　题 2 图

参 考 文 献

[1] 熊世和. 机电系统计算机控制技术 [M]. 成都：电子科技大学出版社，1993.

[2] 刘白雁. 机电系统动态仿真——基于 MATLAB/Simulink [M]. 2 版. 北京：机械工业出版社，2014.

[3] 张立勋，董玉红. 机电系统仿真与设计 [M]. 哈尔滨：哈尔滨工程大学出版社，2006.

[4] 查尔斯 L. 菲利普斯，H. 特洛伊·内格尔，阿兰尼亚·查克拉博蒂，数字控制系统分析与设计：第 4 版 [M]. 王萍，等译. 北京：机械工业出版社，2017.

[5] MATLAB 技术联盟，石良臣. 超级学习手册 [M]. 北京：人民邮电出版社，2014.

[6] 周高峰，赵则祥. MATLAB/及工程应用 [M]. 北京：北京航空航天大学出版社，2014.

[7] 沈再阳. MATLAB 信号处理 [M]. 北京：清华大学出版社，2017.

[8] 石辛民，郝整清. 基于 MATLAB 的实用数值计算 [M]. 北京：清华大学出版社，北京交通大学出版社，2006.

[9] 清源计算机工作室. MATLAB6.0 高级应用——图形图像处理 [M]. 北京：机械工业出版社，2001.

[10] 约翰·F·加德纳. 机构动态仿真——使用 MATLAB 和 SIMULINK [M]. 周进雄，张陵，译. 西安：西安交通大学出版社，2002.

[11] 孙忠潇. Simulink 仿真及代码生成技术入门到精通 [M]. 北京：北京航空航天大学出版社，2015.

[12] 龚纯，王正林. 精通 MATLAB 优化计算 [M]. 4 版. 北京：电子工业出版社，2016.

[13] 薛定宇. 控制系统计算机辅助设计——MATLAB 语言与应用 [M]. 2 版. 北京：清华大学出版社，2006.

[14] 尹泽明，丁春利，等. 精通 MATLAB6.0 [M]. 北京：清华大学出版社，2002.

[15] 张志涌，等. 精通 MATLAB6.5 [M]. 北京：北京航空航天大学出版社，2003.

[16] Devdas Shetty，Richard A. Kolk. 机电一体化系统设计：第 2 版 [M]. 薛建彬，朱如鹏，译. 北京：机械工业出版社，2020.

[17] 周开利，康耀红. 神经网络模型及其 MATLAB 仿真程序设计 [M]. 北京：清华大学出版社，2005.

[18] 张立勋，路敦民，董玉红，等. 直流调速系统设计及仿真 [J]. 应用科技，2005，32（6）：6.

[19] 王瑶，陈蔚鸿，徐小兵，等. 基于 MATLAB 的直流伺服电机驱动进给系统的仿真研究 [J]. 机电产品开发与创新，2006，19（4）：7.

[20] 郭明良. MATLABR2014A 基础与应用 [M]. 北京：化学工业出版社，2017.

[21] 董景新，等. 控制工程基础 [M]. 4 版. 北京：清华大学出版社，2016.